法式料理全書

—— 典藏二星主廚的正統手法・醬汁配方 ——

La bonne cuisine est la base du véritable bonheur

美味的料理是真正幸福的基礎

—— 奧古斯特・埃斯科菲耶（Georges Auguste Escoffier）——

「餐廳的料理會隨著時代而變化。我最想好好珍惜的是家庭料理和鄉土料理。」至今我仍覺得恩師的這句話很重要。

在這本書中介紹了像那句話一樣留傳下來的料理、會想在家裡一做再做的料理，還有最重要的是 —— 我自己非常喜歡和珍惜的料理。

羅列其中的是，從只靠一支平底鍋煎製、沒有醬汁也沒有配菜的超簡易單品料理，到想要花時間製作、充滿當地特色的燉煮料理；還有餐酒館的招牌料理，例如只在水煮蛋上淋蛋黃醬的前菜，和將乳酪烤到融化的焗烤洋蔥湯這類法國人的國民美食；以及對日本人來說也是國民美食的日本洋食。

書中介紹的料理乍看之下，跟我的餐廳「Le Mange-Tout」所端出的菜色有所不同，但作法及思維跟店裡的並無二致。我身為一名法式料理主廚接受培訓至今，持續透過這些料理來完整傳授自己從中掌握到的「烹製美味料理關鍵」，因此希望大家都能在家裡製作看看。

料理的每一道工序都有其含義。我希望無意義的事情能免則免，而穩紮穩打地掌握住重點。因此，我盡可能藉由工序的照片來傳遞每項作業當中的意義，讓大家彷彿親臨我的廚房實際觀摩作法。

首先，請如實地按照我所傳授的方法試著做做看。因為絕對可以做出美味的料理。

如果按照您自己的方式去做，在各個步驟分別出現些微誤差，最後的成品就會產生非常大的差異，變成不一樣的料理。

然而我認為食譜終究不過是「參考書」罷了。因此我在調味上會盡量簡樸，以便大家各自調製出自己喜愛的味道或香氣。如果之後做得順手了，請嘗試加點變化，像是「下次試著加點香草，或是加點食材或調味料吧。」然後請創造出屬於你自己的味道。

據說，當料理做得很美味時，「爐灶女神會露出微笑」，而當料理的女神展露笑顏時，製作者和享用者也都會綻放笑容……。如果這本書對於這樣的幸福時光多少有些助益，將是我感到最高興的事。

Le Mange-Tout

任何人都能做出美味料理的
幾個小訣竅

了解食材

蔬菜具有個體的差異。甜度、香氣和水分含量，皆會隨著產地或季節而有所不同。例如，在炒洋蔥的時候要加水（參照p.237），但是新洋蔥含有大量的水分；而儲藏的洋蔥，雖然因儲藏時間的長短，水分含量有所差異，但相較之下水分含量較少。所以要一邊確認一邊調整水量。調味也是如此。即使公克數相同，根據每種蔬菜的特性，感受味道的方式也可能有所不同。肉類和魚類也是如此。雖然在各個階段試試味道的環節時都有規範，但是終究還是要相信自己的判斷。

想像成品的模樣分切食材

以啤酒燉牛五花肉為例。牛五花肉經過燉煮之後，體積會縮小成3分之2左右。所以，想像成品的模樣來決定分切之後的大小很重要。尤其是肉塊的形狀和大小各不相同，所以切法也不會一致。弄清楚肉的特性之後，最後切成相同的體積。蔬菜的切法可以說也是如此（參照p.239洋蔥的切法）。

拿在手中

感受食材的重量、觸感很重要。只要將魚或蔬菜拿在手中，就能了解它的狀態。也許是水分太多，或者是放置時間久了而變乾。如果能夠掌握食材的狀況，也就可以予以調整。換句話說，可以防止失敗。例如，在雞肉上面撒鹽的時候，用左手拿著雞肉、以右手撒鹽，而即使是我要做出100人份，也是會把100片雞肉拿在手裡，然後撒鹽。

字典裡沒有「鹽＋胡椒」

沒有「鹽＋胡椒」這樣的詞彙。鹽和胡椒絕對不是綁在一起、成組使用的東西。胡椒是在想要追求香氣時使用。正因為我非常喜歡胡椒，所以希望大家能正確地使用它。尤其是在煎烤的時候，胡椒一經高溫加熱就會產生焦臭味；而燉煮料理如果一開始就加入胡椒，就會殘留苦味。使用胡椒的時候，請考慮必要性和時間點。

鹽要逐次累加

如果在最後一口氣加入鹽，味道就會不夠圓潤。在每次添加食材的時候都撒上少量的鹽，味道就會滲入其中，變得很圓潤。小小的累積可以造成很大的成果。如果每次都是憑著自己的感覺加入鹽，也許您會擔心「是否會變得太鹹」，但是因為有食譜的指引，所以儘管放心。不妨預先準備一個小型容器，將要使用的總鹽量放在裡面，從中取用鹽。

預先調味要讓所有部分品嘗起來都很美味

　　如果是分切之後盛盤的料理，為了做到不論品嘗哪個部分，調味都很均勻，請想像是在盤子的上方撒鹽。如果是肉塊，在預先調味的階段也要考慮分切時的方向。此外，鹽不易滲入雞肉的皮，所以要仔細考慮在肉的那一側充分撒鹽。要避免某些部分的味道太重，或是在調理的過程中流失風味。食材的特性也要納入考量。

去除不必要的東西

　　撈掉浮沫、撈除在煎製的過程中釋出的油脂。雖然這是一個經常出現的工序，但是您是否想過它的意義？請試著舔一下浮沫或多餘的油脂，想必一點也不可口。無用的成分，就要仔細且毫不猶豫地去除，這是完成美味料理的必經工序之一。

不要煮沸到滾滾冒泡

　　在烹調燉煮料理或水煮馬鈴薯時，不需要讓火候大到滾滾冒泡沸騰的狀態。如果食材在燉鍋中好像跳動一般不停搖晃，湯就會變得混濁；食材煮到潰散變形之後，成品既不美觀，口感也不佳。烹調燉煮料理時的火候，不要使用大火是不變的鐵則。

看起來很好吃的焦色

　　料理書中經常出現「金黃色」這個字眼。大家的腦海中會浮現出什麼樣的顏色呢？不論是煎烤，還是油炸，我認為重要的是需呈現「看起來很好吃的顏色」。雖然可以藉由烹調的時間、彈性、氣泡的樣子，或是其他方法確認食材的內部是否已經熟了，但是成品的顏色也決定了盛盤時的美觀程度。此外，也與味道有著密切的關係。請以完成時呈現出「看起來很好吃的顏色」為標準。

使用五感

　　烹調料理時要用眼睛觀察、用耳朵聆聽、用鼻子聞香、用舌頭嘗味、用手去感受全部，充分使用全部5種感官。若用極端的說法，可以說如果聽著滋滋煎製的聲音或是水分接觸到油時飛濺的聲音、聞著煎製時的香氣，那麼即使眼睛沒有注意看也沒關係。還有這樣的看法。

味道就是記憶

　　料理就是記憶，是隨著經驗的累積而成長的東西。去體驗在這種時候是這樣的味道。如果記得的話，在成功或失敗時會瞬間想起：「啊，會是這樣。」換句話說，可以避免下一次的失敗，因此才要試試味道。有時候，成品的外觀看起來很糟糕，但是試吃之後，覺得還在可以接受的範圍內。如果每次都試一下味道的話，誤差也會變得少一點。不管怎樣，請試試味道，提升經驗值。借用偉人的說法，失敗是通往成功的必經過程。

table des matières

Colonne

谷主廚的廚房

本書的使用規則

＊1大匙=15㎖，1小匙=5㎖。

＊鹽是使用天然鹽，奶油是使用無鹽奶油。

＊標示為橄欖油者全都是初榨橄欖油。

＊單純標示為油或油炸用油者，請使用葵花籽油、菜籽油、葡萄籽油、玄米油等個人喜歡的植物油。

＊麵粉的種類標明在材料表中，但是基本上都是使用高筋麵粉。

＊雞蛋是使用L大型蛋（日本雞蛋有重量分級，差異在於蛋白的分量。L號尺寸為64～70g）。

＊雞骨湯是使用將10g雞骨高湯粉溶解在1ℓ熱水中所製成的高湯。

＊材料表中的重量，若無特別補充說明，則包含廢棄的部分（外皮、芯、籽與皮膜等）。

＊作法中省略了清洗蔬菜、削皮、去蒂等基本的前置作業。

＊若沒有明確指定，書中標示的鍋具尺寸只是基準。僅供讀者參考。平底鍋原則上是使用鐵氟龍鍋。

＊材料的分量是2人份，或者是容易製作的分量。有時可能與照片中的擺盤不符。

＊Déclinaison（變化款）是在大量製作之後想在隔天以後再製的料理。此外，還將介紹利用剩餘的食材再做一道的料理。

＊Bonne idée（好主意）匯整了在作法的部分沒有完整介紹到的有用知識、花絮等主廚的解說。

調理器具和規則等

鍋子和平底鍋

本書中的料理全部都是使用鐵氟龍鍋的平底鍋製作。如果是經過不沾處理的平底鍋，想必會降低料理失敗的機率。我的餐廳裡也使用這種平底鍋。不需要購買高級品，只要購買便宜的平底鍋，當開始沾鍋之後，再購買新的使用就好。此外，食譜中提供的是以使用鐵氟龍平底鍋為前提所需要的油量；如果您使用的是未經不沾處理的平底鍋，請配合使用的類型調整。鍋子的話，使用家裡現有的鍋子即可，材質也沒有特別的規定。在本書的食譜頁面中，具體標示了使用的尺寸，請多加參考利用。

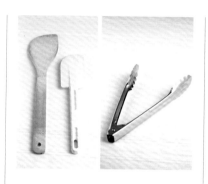

木鏟、橡皮刮刀、油炸夾

木鏟是必備的器具。木鏟不僅可以用於炒、拌等基本的調理方式，也經常用來刮起鍋底的鮮味。此外，有時也需要橡皮刮刀的柔軟性。可以用於過濾、混合，以及將鍋中的內容物完整地移至他處的時候等。刮刀以薄而柔軟者較容易使用；握柄若是一體成型者，汙垢不會卡在縫隙中較為衛生。油炸夾比長筷更能牢固地夾住食材，可以確保作業順暢，所以是不可或缺的器具。

錐形過濾器和網篩

錐形過濾器是一種做成圓錐形，帶有細密網目的金屬製過濾器。在法式料理中，提到「過濾」的時候，就是錐形過濾器派上用場之時；但若是在家裡製作，也可以使用一般的網篩代替。不過，網目最好盡可能細密一點。

醬料擠壓瓶

我總是將橄欖油和沙拉醬等裝入醬料擠壓瓶中使用。因為瓶嘴可以切割成自己想要的口徑大小，所以可以調整擠出時的用量。在製作沙拉時，由缽盆的邊緣以畫圓的方式擠入也很方便。已經呈現分離狀態的沙拉醬，只要按住瓶嘴上下搖晃混合，沒多久就會恢復成乳化的狀態。

火候

在我餐廳廚房裡的爐子是採用有2層火焰的專業規格，但是為了向大家介紹更真實的工作流程，我採用近似家用火候的方式，只使用內側的火焰來調理。不需要去擔心「因為與店裡的火候不同，所以可能無法做出相同的料理」。

鹽1撮

「鹽1撮」指的是以拇指、食指、中指這3根手指頭捏起的分量，大約是1/5～1/4小匙。1小匙是6g，所以是1.2g～1.5g的量。我捏起的1撮是1g。因為是憑感覺記住的，所以不會每次都測量。反之，如果要1g，只需捏1撮就好了。預先了解自己「1撮」的分量會方便許多。

Chapitre 1

主廚親授
用一個平底鍋
做法式料理

說到法式料理，可能會被認為是製作難度最高的料理。「烤箱的使用很麻煩，而且醬汁和配菜很多，所以絕對不可能在家裡製作！」您是否曾有這樣的想法呢？沒關係，接下來我要教大家的法式料理，只需要1個平底鍋、1個鍋子。全都是利用直火烹調即可完成的菜色。調味料是鹽、胡椒和奶油，有時加點葡萄酒醋。沒有特地製作的醬汁，也沒有配菜。如果是這樣的話，您是否就會每天都想做法式料理了呢？沒錯。在法式料理中，這些都是日常的家庭料理。想透過這種極為簡單的料理來傳授，我在法式料理中學習到的「烹製美味料理關鍵」。

「煎」出美味料理的
5 個訣竅

無論是肉還是魚，煎製的技術幾乎都大同小異。
基本上我在煎製食材的時候，都是使用鐵氟龍平底鍋，也就是一般家庭中會使用到的平
底鍋。我幾乎不用烤箱，雖然常有人說我「在唬人」，但這是事實。只要您按照我指導的
方式去做，一定可以煎出美味的料理。

1 | 只在肉身側撒鹽。
即使食材不同也一樣

　　基本的原則是預先調味的鹽只撒在肉身側，
皮面側不撒鹽。即使把鹽撒在皮面，也因為無法
滲入其中而留在表面，所以在煎製時鹽會轉移至
油中，造成燒焦的現象。若在這種「燒焦的油
和鹽」當中煎製食材時，食材會沾上不好的味
道。對我來說，這是絕對不容許發生的狀況。此
外，在肉身側撒鹽之後，請盡可能稍微靜置一段
時間，靜置15到30分鐘。靜待鹽滲透到肉裡之
後，便調味完成。

2 | 使用鐵氟龍平底鍋，
即使在冷鍋時放入食材也無妨

　　許多人認為要先將平底鍋燒熱才放入食材。這是使用鐵製平底
鍋時的作法。因為鐵鍋若沒有先確實熱鍋，食材就會黏在鍋底；如
果使用的是鐵氟龍平底鍋，就不需要這麼做。

　　將食材放入熱騰騰的平底鍋中時，應該會瞬間發出「啾」的聲
音。這是食材釋出含有蛋白質的水分一下子被蒸發的聲音。除了能
在極短的時間內煎製完成的牛肉、較薄的豬肉，或是水分很多的蔬
菜之外，要煎製帶皮或塊狀的肉和魚時，其實不須先熱鍋。特別是
肉身的部位要溫和地加熱，在防止帶有鮮味的肉汁（水分）散失的
同時，讓中心處煮到熟透，所以緩緩地提高溫度才是明智之舉。

　　因此，不論是肉還是魚，在煎製之前請先恢復至常溫備用。

3 即使食材不同，
煎製方法的原則都相同

　　煎製的時候必少不了用到油。因為並非透過平底鍋的鍋面來煎，而是以加熱後的油為媒介來煎熟食材。

　　具體來說，煎製帶皮的食材，要在平底鍋中放入所需的最少量的油，然後將皮面朝下開始煎。因為外皮保護著肉身，所以可以溫和地加熱；如果是煎製豬肉或牛肉那樣兩側都是肉身的食材，則將盛盤時會朝上的那面朝下放入鍋中。前後搖晃平底鍋，或是用油炸夾夾起肉塊讓鍋面布滿油，這樣食材才會在煎製時保持下方一直有油的狀態。

　　如果不晃動平底鍋，就這樣靜置不動地煎，會怎麼樣呢？請用油炸夾夾起肉塊，觀察肉塊底下。下方沿著肉塊形成的那片形狀，應該都沒有油了。如果就這樣繼續煎下去就會燒焦。在煎製的時候，希望務必要遵守這項作業。

4 聆聽食材發出的聲音

　　煎製時的溫度也很重要。判別的標準是鍋裡發出的咻咻聲，這是食材釋出的水分接觸到油而飛濺、蒸發時所發出的聲音。要是油溫過高時，發出的聲音會很大且節奏很快；而油溫過低時，發出的聲音會很小且節奏緩慢。如果聲音停止了，就表示食材的水分已經散失了，接下來就很容易會燒焦。煎製時就像這樣，請同時仔細聆聽食材發出的聲音。聆聽這種聲音的變化，便是我在煎製時最大的樂趣呢。

5 肉和魚的煎法，最大的差別
在於是否使用「油淋法」

　　在煎製帶皮的食材時，基本上只將皮面側接觸平底鍋。這是因為不想讓纖細的肉身直接接觸將近200℃的高溫。所以，當皮面煎到某個程度之後，要舀取熱油澆淋在肉身上以間接加熱。如此一來，食材中心便會達到60～70℃，這個溫度高到足以讓蛋白質開始變質。

　　這項作業稱為「油淋法（Arroser）」。不過，油淋法僅限於肉類使用，魚類則不使用此方法。油淋法的另一個重要目的，是為了將溶解在油中的鮮味和蛋白質回歸肉中。若是煎製的是魚類，因為腥味也會一起溶解出來，所以絕對不能這樣做。此外，進行油淋法的時候，油可能會四處噴濺，請多加小心。

煎雞腿肉一定要選帶骨雞腿肉！
從骨髓釋出的鮮味，格外美味

香煎雞腿肉
Sauté de cuisses de poulet

沒有醬汁也沒配菜，
法式的家庭料理這樣就夠了

　　法國餐酒館的經典料理「嫩煎雞（Poulet sauté）」。雞肉充分鎖住鮮味而濕潤多汁，還有酥脆可口又煎得香氣四溢的外皮。作法簡單煎好即可，亦無需佐以醬汁，請務必好好享受這道菜。即使在法國說到家庭料理也會是這道菜式。沒有醬汁也沒有配菜，但這樣就已經非常美味了。

　　市售的雞腿肉多半是剖開去骨的狀態。但是如果想要吃到真正的美味，絕對非帶骨雞腿肉莫屬！請使用帶骨雞腿肉。在煎製的過程中，鮮味和膠原蛋白會從骨髓中緩緩釋出並滲入肉中，大幅提升美味度，完成的口感也很濕潤。不過，切忌用大火在短時間內加熱！請千萬不要操之過急。

不同的肉質要分別煎製，
料理就會很簡單

　　雞腿肉另一個很大的特徵是，關節兩側的腿排肉和棒腿肉之加熱方式不一樣。腿排肉的纖維細緻，而位於外皮和肉身之間的薄筋卻很難對付。雖然想只加熱皮面就好，但皮面只要一煎，那條薄筋就會收縮而翹起來。所以，只有雞肉的腿排肉要先稍微加熱肉身側，以避免翹起的狀況。另一方面，棒腿肉是活動量大的部位，所以肌肉發達。此部位因布滿阿基里斯腱等肌腱與纖維，鮮味濃烈，但是由於肉質不均勻，要煎得濕潤竟意外地不容易。想同時煎製2種肉質各異的肉，又要兩者都達到最佳狀態，是不可能的任務！因此，我從關節處分切成2個部分來煎。藉此打造出易於加熱的狀況，就能簡單完成料理。而且，端出美味的成品。

【材料】（方便製作的分量）
帶骨雞腿肉（1支220g）⋯⋯ 2支
鹽⋯⋯ 5g
油⋯⋯ 2小匙
馬鈴薯（帶皮，切成一口大小）
　⋯⋯ 3個份
黑胡椒⋯⋯ 適量

🍳 直徑24㎝的平底鍋

請務必使用帶骨雞腿肉，方能嘗到雞腿肉的絕妙滋味。詢問超市的肉賣場或肉鋪，通常都可以買到。如果沒有，改用已經剖開的腿排肉也無妨。即使如此，煎法也是相同的。

香煎雞腿肉的作法

1 從關節分成腿排肉與棒腿肉。

將棒腿肉置於左側,確認位於近身側的脂肪塊微靠左側(棒腿肉)的關節。從關節處下刀即可輕鬆切分開來。

＊由於棒腿肉和腿排肉的纖維方向和入鍋方式不同,所以分別煎製會比較簡單。

2 切斷腳腕處的阿基里斯腱。

從距離棒腿肉邊緣的約2cm處下刀,繞一圈切斷阿基里斯腱。用刀尖將肉往邊緣靠攏,塑形成丸狀。

＊又粗又強韌的阿基里斯腱如果不切斷,受熱時會大幅收縮而拉動雞肉,導致煎製困難。

3 只在腿排肉的肉身撒鹽。

在每片肉身均勻撒上1g的鹽。皮面則不撒鹽。

4 棒腿肉的切面也撒上鹽。

每支棒腿肉的切面(肉身)都各撒上0.5～1g的鹽。手握住整塊肉,用力順勢往外拉幾次來塑形。

5 稍微加熱腿排肉的肉身。

在平底鍋中倒入油後用中小火加熱,緊接著將3的肉身側朝下放入。加熱至表面稍微變白為止。

＊目的不在於煎熟,而是稍微加熱肉身和外皮之間的薄筋,防止在6煎製時翹起來。

6 從皮面側開始煎。

將5翻面,讓皮面側朝下煎製。棒腿肉也放入鍋中。

＊鐵氟龍平底鍋請勿預先加熱,此為煎製帶皮雞肉時的鐵則。

7 讓下方布滿油,持續煎製。

將腿排肉最飽滿的部分抵著平底鍋的圓曲線,邊煎邊用油炸夾抬起,讓底下布滿油;棒腿肉則是煎至金黃色後,用油炸夾翻面,使整體都能上色。

8 舀起熱油澆淋。

將平底鍋傾斜,邊加熱邊用湯匙舀起熱油淋在雞肉上(此謂油淋法)。

＊請小心避免被熱油燙傷。選用稍長的長柄湯匙會比較安全。

9 放入馬鈴薯。

當棒腿肉上色到一定程度時,放入馬鈴薯。前後搖晃平底鍋使馬鈴薯沾裹油來煎製。

＊讓雞肉的美味汁液也分給馬鈴薯。若再放入1瓣或是1整顆帶皮的大蒜會更好!

10 確認腿排肉的熟度。

用手指按壓腿排肉，確認是否已經熟透且具彈性。煎至外皮呈引人垂涎的金黃色為止。

| 雞皮若沒有確實煎透就不好吃。請煎到「引人垂涎」的酥脆噴香狀態。

11 取出腿排肉。

腿排肉大致煎熟後，先取出備用。

| ＊帶骨的棒腿肉要煎熟較為費時。先暫時取出以防止腿排肉過熟，進入最後階段時再放回鍋中。

12 撒入鹽，繼續煎製。

撒入1g的鹽繼續煎，待馬鈴薯煎至上色後，以竹籤刺入確認硬度。

| ＊馬鈴薯沒有平均受熱也無妨。色澤和硬度不均也沒關係。有的鬆軟、有的爽脆，如此層次不一的口感也是一種美味。

13 加熱棒腿肉小腿骨的四周。

如果棒腿肉小腿骨周圍還有紅色血跡，就用熱油澆淋使其確實熟透。

14 放回腿排肉，進入最後煎製。

將取出的11放回鍋中，甩動平底鍋煎至水分收乾。

| ＊從此步驟開始，想像是在鐵板上用油進行最後的加熱。

15 擦掉油分。

用廚房紙巾將多餘的油擦拭乾淨。

| ＊因為雞肉以及馬鈴薯當中布滿了鮮味，所以多餘的油會干擾味道。請將油擦拭乾淨。

16 調整馬鈴薯的煎製色澤。

再晃動平底鍋數次，使馬鈴薯煎出令人食指大動的金黃色。

| ＊我只觀察馬鈴薯的色澤。雞肉已經完全煎熟，所以無須在意。也要側耳聆聽從14開始因油減少後的聲音變化。

17 關火，撒入黑胡椒。

關火，扭轉研磨器數圈撒入黑胡椒，快速翻動平底鍋，利用餘熱使得整體覆滿香氣。

| ＊關火之後才撒入胡椒。如果有切碎的荷蘭芹，和胡椒一起加入也很美味。

Bonne idée

請仔細觀察煎好的雞腿肉切面。筋和肌腱應該都已經熟透而呈透明狀。這些是膠原蛋白。因為是雞活動頻繁的部位，所以肌肉才會如此發達。確實加熱之後，雞腿肉的鮮味會更濃郁因而變得十分美味。

雞胸肉吃起來都很乾柴嗎？才沒這回事。
煎製完成後仍可保留原本軟嫩濕潤的肉質

嫩煎香草雞胸肉

Suprêmes de poulet sautés aux fines herbes

集不同的肉質於一身，
所以要分開煎製

　　大家常用的另一個雞肉部位，應該就是雞胸肉吧？與雞腿肉相較之下，這是運動量較少的部位，所以肉質柔軟濕潤。雞胸肉幾乎沒有筋，雖然同樣是雞肉，卻彷彿是「另一種肉品」。

　　請試著回想一下。雖說是雞胸肉，但是同一片雞胸肉的左右兩邊，是否有一邊比較飽滿呢？左右兩邊的肉質其實是不一樣的。我在香煎雞腿肉（參照p.014）中就曾經提及，肉質各異的肉要一起煎製又要顧及兩者的美味度，簡直是不可能的任務！那又該如何是好呢？就像處理雞腿肉的時候一樣，分開煎製就可以了。道理雖然很簡單，卻非常重要。

只要確實煎製的話，
肉塊就會膨脹變大!?

　　那麼具體來說作法又是如何呢？雞胸肉的纖維排列方式不一。較大的肉塊纖維細緻，整齊朝向同一個方向排列，所以口感非常細緻；較小的肉塊（稱為嫩胸肉），纖維排列方向並不一致，所以口感較粗柴。

　　因此，煎製雞胸肉時要錯開將大小肉塊放入平底鍋中的時間。煎法本身並不難。只要按照原則煎製，就不會破壞肉塊的細胞膜，可以將水分鎖於其中。這些水分膨脹後會讓肉塊變得圓鼓鼓的，體積變得比煎製之前還要大。請務必享受過程中的變化。

　　最理想的成品，是完整發揮食材煎製前的性質，而呈現軟嫩多汁的狀態。用刀子一切，就會看到雞肉內含的水分化作透明的水滴，從切面啪地滴滴答答流淌而出來。這些汁液就是法式料理中常說的「原汁（jus）」。其可謂盤中的極品，所以請當做醬汁沾取品嘗，一滴也別浪費。

【材料】(2人份)

雞胸肉（1片330g）── 2片
鹽── 6g
油── 2大匙
大蒜（帶皮）── 4瓣
香草
　　迷迭香── 2～3根
　　百里香── 適量
　　月桂葉── 10片左右

🍳 直徑24cm的平底鍋

若不想直接煎出大蒜的味道和香氣時，就以帶皮狀態來使用，讓大蒜的味道和香氣慢慢轉移到油中。這種帶皮的大蒜，在法文中稱為「ail en chemise」，意思是「穿著襯衫的大蒜」。

嫩煎香草雞胸肉的作法

1 將雞胸肉切成2塊。

讓雞胸肉的皮面朝下，細縮的一端朝右放置。從筋較粗的那端下刀，沿著2塊肉間的界線切分開來。

＊我不喜歡1個食材當中包含了2種要素。首先要切成大肉塊和靠雞翅那側的小肉塊（嫩胸肉）。

2 切除大肉塊上的粗筋。

大塊肉上有條從左上方往下延伸的粗筋。握刀時將刀刃朝外，將左上方的筋從肉上切除。

3 切除粗筋和多餘的皮。

用左手拉扯2餘留的筋，用刀子將筋切開來。多餘的皮也要一併切除。

＊這條筋堅韌難纏，所以務必要切除掉。如果不切除的話，入口會卡在齒縫中。

4 於肉身撒鹽。

照片為已經切分開來的狀態。右方是大肉塊、左方是嫩胸肉、中間則是筋。在大肉塊的肉身撒2g的鹽；嫩胸肉則是雙面都撒上少於1g的鹽。

＊此步驟也切忌在皮面上撒鹽。這是原則！

5 在大蒜上戳孔。

用金屬籤或叉子在帶皮的大蒜上戳出數個孔。

6 讓大蒜的香氣轉移到油中。

在平底鍋中加入2大匙的油和5，用中小火加熱。傾斜平底鍋，讓大蒜能夠浸泡在油中。

＊大蒜可說是「普羅旺斯的香草」。若想引出它的香氣，要有如在蒸煮般，以極溫和的方式加熱。

7 加熱至外皮上色。

接著會聽到大蒜發出「啾啾」的聲音、周遭開始冒泡。待泡泡變細，外皮變色就OK了。

＊請聆聽大蒜發出的聲音。這是水分噴進油裡所發出的聲音。證明大蒜開始釋出水分了。

8 關火並放入香草。

關火後先放入月桂葉，再放入迷迭香和百里香。油會噴濺，請多加小心。

9 讓香草的香氣轉移到油中。

使香草沾裹熱油以轉移香氣。待百里香不再發出聲音後，取出香草和大蒜。

＊利用餘熱溫和地轉移香草高雅的香氣。不要用大火快炒。殘留在油中的細碎香草，也要完全清乾淨。

10 煎製大肉塊。

將肉大塊的皮面朝下放入9中，用中火加熱。

＊切勿放入燒得熱騰騰的平底鍋中，否則皮會馬上縮緊。

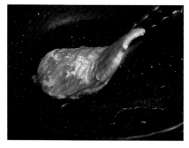

11 讓肉的下方布滿油。

搖晃平底鍋、夾起肉塊，邊煎邊讓肉塊底下布滿油。

＊請觀察肉塊底下！肉塊下方的那片面積應該都沒有油了。如果在沒有油的狀態下繼續煎就會燒焦。必須確保肉塊下方隨時有油。

12 將大蒜放回鍋中。

待11的肉塊邊緣稍微變白後，將9的大蒜放回鍋中一起煎。

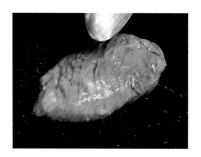

13 邊煎邊澆淋熱油。

傾斜平底鍋，邊用湯匙舀取熱油澆，將肉身加熱至熟（油淋法）。

＊油淋法的目的是為了溫和地間接加熱，同時讓融入油中的雞肉鮮味回歸到肉裡，使雞肉變得更美味。

14 雞胸肉逐漸膨脹起來。

隨後肉塊會膨脹起來，變得圓鼓飽滿。輕輕按壓以確認彈性。

＊雞皮會阻隔住平底鍋熱能，達到間接加熱之效，所以細胞膜不易被破壞，能鎖住水分於其中。這些水分加熱後會膨脹，肉塊也就跟著膨脹起來。

15 煎製小塊肉。

待14的肉塊出現彈性、將近煎熟之後，就移至鍋緣。接著放入小塊肉（嫩胸肉），邊煎邊搖晃平底鍋。

16 大塊肉煎熟即取出。

確認大塊肉的皮面，待煎出令人食指大動的金黃色澤後即可起鍋。

＊肉的中心已經熟透了，因此只要煎出「令人食指大動的金黃色澤」時就算完成。

17 將小塊肉雙面煎熟後取出。

小塊肉的兩面都煎熟後取出。翻面讓煎的那面朝上，與16的大肉塊一起置於溫暖處靜置數分鐘。最後與香草、大蒜一起盛盤。

Bonne idée

閒暇時先一次全煎好，分切成薄片，放入冷藏室或冷凍庫保存會方便許多。沾裹法式油醋醬（參照p.045、184）即為一道雞肉沙拉；即使不是法式作法，但淋上芝麻醬也不錯。此外，也可將剛煎好的肉塊切成一口大小，搭配綜合蔬菜沙拉（參照p.044），就成為一道漂亮的料理。

煎豬排當選肩胛肉。
不去筋也無妨

香煎豬排
Sauté de porc

　　豬肉如果要直接煎製，我偏好使用豬肩肉。若在短時間內用大火煎製，再利用餘熱溫和地加熱，如此一來內部就會呈現漂亮的粉紅色，既軟嫩又多汁，一口咬下，美好滋味就在口中擴散開來。這是因為豬肩肉是豬肉當中胺基酸含量較多的部位，所以鮮味濃郁，特別能感受到豬肉的美味。

　　請見右頁作法3的照片。一片肉當中含括了各種肉質呢。老實說，我很想將整塊肉解體再各別煎製。但是我告訴自己「這個部位的肉就是這樣」，所以切開後原封不動地使用。豬肩肉雖然處處都是筋，但是不必去筋。因為去筋會破壞肉的細胞膜，導致內含的美味肉汁（水分）不必要的流失。殘留在平底鍋裡的美味肉汁也是來自肉的恩惠。不妨做成醬汁，一滴不剩地享用吧。

【材料】（2人份）

豬肩肉（約1cm厚，1片170g）
　　── 2片
鹽── 多於3g
油── 1～1又1/2大匙
黑胡椒── 適量
橄欖油── 少量

🍳 直徑24cm的平底鍋

豬肩肉稍微有點厚度會比較好吃，所以至少要有1cm的厚度。如今只要拜託店家，連肉品賣場都能為顧客切成喜歡的厚度呢。

1 在豬肩肉的兩面撒上鹽。

在豬肩肉的兩面撒鹽，每片撒1.5g，再輕搓使鹽入味。

2 放置5分鐘左右使其入味。

靜置片刻後，在滲透壓的作用下，肉的表面會滲出些許肉汁（水分）而變得濕潤。不去筋也無妨。

＊這些水分含有蛋白質。煎製時一接觸到滾燙的熱油後，蛋白質就會瞬間凝固，形成一層外膜。

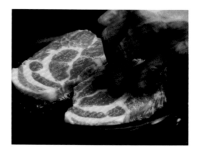

3 加熱平底鍋再放入肉片。

在平底鍋中倒入油，用大火加熱，前後晃動平底鍋待油溫升高。冒煙後（約200℃），放入豬肉。

＊這時候請加熱到會讓肉片發出「啾啾」聲的程度。

4 煎製時盡量不要移動肉片。

勤快地往肉上淋油（油淋法），並用油炸夾夾起肉塊，讓鍋面布滿油來加熱。肉片盡量不要移動。

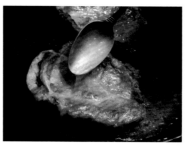

5 另一面也要煎。

待煎的那面煎出漂亮色澤後就可以翻面，澆淋數次油來加熱。

＊煎製熟度取決於最初朝下那面（盛盤時作為表面的那面）的色澤。因為豬肩肉是無法均勻煎熟的部位，所以就算略微煎製不勻也沒關係。

6 取出肉片靜置。

背面也煎好後即可取出，置於溫暖處靜置3分鐘左右，吸收肉汁。

7 最後煎製時撒入黑胡椒。

瀝乾平底鍋的油，用中火加熱，將6放回鍋中。扭轉研磨器1圈撒入黑胡椒，再扭轉1圈撒在平底鍋中，帶出香氣。取出肉片，置於溫暖處靜置數分鐘。

＊煎製前不要撒胡椒！如果想增添香氣，請在最後收尾時撒入。

8 用肉汁製作醬汁。

將7的平底鍋中餘留的少量肉汁倒入缽盆中，與橄欖油混合。將7的肉片分切後盛盤，再淋上醬汁。

＊為了充分發揮豬肉的鮮味，只倒入微量的橄欖油。僅作添香的程度。

Bonne idée

在切開煎好的肉片時，萬一發現內部還半生不熟的話怎麼辦？只要把肉片切成大塊，再重新煎一下即可。隨時都要臨機應變！料理領域裡沒有所謂「絕對」的事情。

直火和燒得滾燙的烤網，
烤出美味可口的牛排

速烹牛排
Steak minute

　　煎烤薄切牛肉真的是快速又簡單。烹調原則與煎製牛肉塊不同的是，要在1分鐘內用大火瞬間烤好牛排，即所謂的「速烹牛排」。單面烤好之後，翻面即完成。這種烤法不講究熟度。如果用小火慢慢煎烤會過熟。雖然也可以用熱騰騰的平底鍋來煎，但基本上我都是放在烤網上用直火烤──換句話說，就是用800℃左右的直火來烤；用平底鍋來煎的話，大概是200℃。和用鍋子煎的相比，用烤網烤出的牛排，不但香氣截然不同，還能烤出令人垂涎欲滴的色澤。這是因高溫燒烤可以讓蛋白質瞬間「焦化」。牛排這種料理大可帶著「全交給烤網處理」的心情來製作。為此，必須把烤網徹底燒得通紅後才將肉片放上，這點特別關鍵。

【材料】（2人份）
牛肩肉（1片270g）⋯⋯2片
鹽⋯⋯4g
橄欖油⋯⋯少量

[火柴薯條]
馬鈴薯⋯⋯適量
油炸用油⋯⋯適量

火柴薯條（Pommes allumettes）是事先將馬鈴薯切成細長的棒狀，再炸得很酥酥脆脆（參照p.117）。這是法國人最喜愛的牛排佐餐。也很推薦搭配烤牛排。用叉子不太方便食用，請直接用手拿。

1 切除牛肉的脂肪與筋。

沿著牛肩肉的外形，切除周圍的脂肪以及筋。

2 塑形。

將緊縮變窄的那端留下少許脂肪，即完成塑形。淨重剩180g。這種塑形後的形狀又有「紐約客牛排」之稱。

3 撒鹽入味。

在2的雙面撒鹽，每片撒2g，輕抹使其入味並靜置片刻。

＊要將「撒上鹽與胡椒來煎烤」這種說法拋諸腦後吧！尤其在煎烤前嚴禁撒上胡椒。因為在燒烤的過程中一定會燒焦。請在收尾階段才撒上。

4 在牛肉上塗抹橄欖油。

在3的雙面滴上少量橄欖油，薄薄地抹開來。

＊這層油是為了防止牛肉沾黏在烤網上。因為只想使用最小限度的量，所以只需要足以薄薄塗在表面的油量就夠了。

5 加熱烤網後擺上肉片。

用大火加熱烤網，直到變得通紅才將4擺上。

＊如果家裡有鐵製煎烤盤，建議拿來使用。不但可以達到更高溫度、在轉瞬間完成燒烤，還能烤出漂亮的紋路。

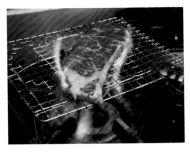

6 於短時間內燒烤。

烤20秒左右，將肉片旋轉90度，再烤20秒左右。讓烤出的紋路呈格子狀。

＊總之，如何以大火迅速燒烤比熟度更重要！

7 翻面後依6的方式燒烤。

背面也在短時間內烤出格子狀的紋路。

＊網格紋之間的肉若能烤成一分熟狀態最完美！

8 最後燒烤脂肪部位。

牛肉烤好後用油炸夾夾起，稍微炙烤一下在2中留下的脂肪部位。盛盤後佐上火柴薯條。

Bonne idée

我不建議使用附溝槽設計的平底鍋型煎烤盤。因為油脂會在煎烤過程中滴落並聚集在溝槽內，所產生的味道會讓牛肉變臭。

酥脆的外皮和濕潤多汁的肉身。
只要能煎出這種層次，就堪稱完美！

燜煎真鯛

Pavé de dorade poêlé

【材料】（2人份）

真鯛（切塊）⋯⋯ 2塊

鹽⋯⋯ 2g

橄欖油⋯⋯ 適量

檸檬⋯⋯ 適量

🍳 直徑24cm的平底鍋

煎一煎就完成，
如此簡樸的經典魚料理之美味在於？

　　說到法國餐酒館的魚類料理時，就會想到燜煎白肉魚。所謂的燜煎（poêler），現在一般都是指用適量的油在平底鍋中煎。在家中烹調時，如果有魚肉塊可用便能輕鬆製作。不需要醬汁或配菜。這次也只有附上檸檬。魚才是主角，請將注意力集中在如何順利煎魚上。要是煎到內部完全熟透而使整體變得乾柴的話，那就表示烹調失敗了。

　　我心目中最理想的煎魚成品是外皮酥脆，而肉身卻濕潤得令人驚豔。僅中心處的5mm是半熟狀態，刀子一切，鯛魚肉汁就會滴下來。如果味道能做出這種帶層感的味道，就非常成功了！鯛魚的皮特別厚實，請徹底煎得酥酥脆脆。

煎魚時不得淋油。
這是和煎肉最大的差別！

　　要怎麼做才能煎出這樣的狀態呢？方法和處理雞肉的時候一樣。只需讓皮面朝下，用中火慢煎即可。不過，唯有一點最大的差異，就是煎魚時請勿淋油。雞肉是會釋放出飽含鮮味的水分到油裡；但是魚釋出的卻是帶腥味的水分。好不容易從魚肉中排出腥味，絕不可再淋油而把腥味又帶回魚肉裡。若覺得煎的油有腥味，請用廚房紙巾不斷擦拭，再倒入新油。

　　另外還有一個重點。說到「把皮煎得酥脆」，有人會用鍋鏟等器具來按壓，但我希望各位不要這麼做。因為魚的肉身柔嫩，那樣做可能會使魚肉崩散開來，導致水分流失而變得乾柴。

燗煎真鯛的作法

1 在真鯛的肉身撒鹽。

在每塊真鯛的肉身撒上1g的鹽，靜置10分鐘左右。

＊不要在鯛魚和比目魚等白肉魚的皮面撒鹽。魚肉相當柔軟，所以請勿搓揉，受到損傷會讓魚肉崩散。

2 進行煎製。

在平底鍋中倒入1大匙的橄欖油，用中火加熱，緊接著將1的皮面朝下，排放入鍋中。

＊平底鍋不需要預熱。要避免魚入鍋時因高溫而發出「啾」的聲音。

3 煎製時讓底下布滿油。

用油炸夾夾起2、搖晃平底鍋，煎製時要讓下方一直保持有油的狀態。

＊魚肉有時會因為非常新鮮或是肉質的關係，而在煎的時候翹起來。這時候請善用平底鍋的鍋緣，邊煎邊塑形。

4 擦掉散發出魚腥味的油。

若油散發出魚腥味或是油色變得混濁，就用廚房紙巾將油擦拭乾淨。這時魚腥味已經轉移到油裡了。

＊像鱈魚這一類會釋出大量水分的魚類，更要特別注意。

5 倒入新油，繼續煎製。

倒入橄欖油，以相同方式繼續煎。不時夾起魚肉確認皮的煎製狀況。切勿使用油淋法。

＊不使用油淋法是煎肉和煎魚的最大差別。煎魚時，腥味會釋放到油裡，所以絕對不能再淋回去。

6 煎製還沒熟的部位。

正中央較厚的肉身如果還沒煎熟，就將它貼合平底鍋的鍋緣，集中煎製。

7 煎到外皮酥脆為止。

擦掉平底鍋中的油，補入新油。待啪滋啪滋的聲音變小，即表示皮已經煎得酥酥脆脆。

＊皮煎好而水分變少後，聲音也會隨之變小。在這個階段魚肉有3分之2的面積已經變白。

8 翻面，利用餘熱煎肉身。

關火後翻面，讓肉身加熱3秒鐘左右。聽到吱吱聲後即可翻面，用手指輕壓以確認彈性。

＊務必關火後才將翻面讓肉身朝下。此時不是要煎製，而是要靠餘熱讓多餘的水分蒸發。

9 再度利用餘熱，調整熟度。

如果魚肉彈性不足就再次翻面讓肉身朝下，利用餘熱再稍微加熱一下就完成了。盛盤後佐上檸檬。

Bonne idée

魚肉的厚度、纖維的品質或排列方向各異的部位，即使一起加熱也無法煎得漂亮，這點我在煎肉時也提過。取得半邊的魚肉後，請大略分成5個部位，將每塊魚肉分別烹煮來享受其美味。接著將以鯛魚為例來為大家說明。

此外，雖然統稱為魚塊，但有些切塊的形狀類似便當裡的鮭魚。此魚塊是縱向薄切半邊魚肉而成。此種形狀無法讓皮面朝下煎煮，而且同一塊肉裡還混雜了不同的肉質，因此不適合燜煎（poêler）。遇到這種情況，最好將皮與肉身分別烹煮，再搭配盛盤。由於魚肉很薄，所以加熱時單面各加熱15秒左右就夠了。擠檸檬時請將果皮部分朝下，好讓所含的油帶著檸檬皮的清爽香氣注入料理之中。

1 沿著鯛魚中央的側線切分成兩半。

2 上半部位切成3等分，下半部位則切對半。

3 切成5塊之後的狀態。右方的2塊和左上方的2塊適合燜煎。

【如果是不適合燜煎的魚塊】

1 像上述3的左下方那種不適合燜煎的魚塊，要先撕下魚皮並切成細絲。魚肉則分切成生魚片的大小。

2 煮沸熱水並加入較多的鹽，再放入魚皮。迅速汆燙去除腥味，接著浸泡過冰水後徹底擦乾水分。

3 將肉身整體撒鹽。在平底鍋中倒入橄欖油，用中火加熱，排放上魚肉。

4 晃動平底鍋讓魚的下方布滿油。煎15秒左右即翻面。

5 擠入檸檬汁覆滿魚肉。接著將魚肉盛盤，再擺上2。

讓魚肉裹上薄薄一層輕透的麵粉，
是煎魚的一大竅門

法式嫩煎鮭魚

Saumon à la meunière

所謂的法式嫩煎法（meunière），是將食材先沾裹麵粉後用平底鍋煎製
的烹調法。與裸煎食材的燜煎法（參照p.026）不同，最大的差異就在於外
面裹了一層麵衣，所以鎖住了味道和香氣。那麼，各位認為法式嫩煎法最重
要的是什麼呢？是煎得酥酥脆脆嗎？不是。關鍵在於麵粉能裹得多薄。沾裹
大量的麵粉之後，要確實拍除。

這件外衣，須是極細緻又輕透的薄麵衣。原因正如我在燜煎時也提到過
的——魚會釋放出帶腥味的水分。如果是幾近透明的薄麵衣，仍可以將水分
排出；但若是麵衣厚實，則會不斷吸水，導致魚皮無法煎得酥脆。魚肉很容
易燒焦，所以從平底鍋尚未加熱的狀態開始煎製也很重要。

【材料】(2 人份)

鮭魚（切塊，100g）── 2塊

鹽── 2g

高筋麵粉── 適量

油── 適量

🍳 直徑24cm的平底鍋

這道用了麵粉的料理，原文命名源自
法文的meunier，意思是「麵粉鋪」。
亦可佐檸檬或是自製蛋黃醬（參照
p.190）。

1　在鮭魚的肉身撒鹽。

每塊鮭魚切片上撒1g的鹽，較厚的部分撒多一點，較薄的魚肚（腹肉）則撒少一點。輕抹使鹽滲入，靜置10分鐘左右。

＊鮭魚肉十分軟嫩，所以切勿搓揉。堅硬又銳利的鹽結晶容易導致肉身崩散，這是絕對不允許的！

2　在鮭魚上抹薄薄一層麵粉。

在調理盤裡倒入麵粉，放入1並整體撒滿麵粉。用手拍掉多餘的粉末，只沾覆極薄的一層。魚皮也別忘了裹粉。

＊用粒子極細的麵粉覆蓋，形成極薄的1層膜。

3　進行煎製。

在平底鍋中倒入油，用中小火加熱，緊接著將2的魚皮朝下並排放入。邊煎邊搖晃平底鍋。

＊麵粉很容易會燒焦，所以要特別注意。為了避免魚煎熟前麵粉就先燒焦，火候要稍微小一點。

4　擦掉散發出魚腥味的油。

若油散發出魚腥味或是油色混濁時，用廚房紙巾將油擦拭乾淨，倒入少量新的油，繼續煎製。

＊反正我就是討厭魚腥味！尤其是大西洋鮭的脂肪腥味特別重，請勤快地擦拭乾淨。

5　煎到魚皮變得酥脆為止。

將皮面的麵粉煎至上色且出現彈性。請維持鍋中啪滋啪滋的聲響。

＊在煎製時這個聲音至關重要。其表示水分從魚中釋出並接觸到油。煎到這個程度後，就要好好集中精神完成麵衣和魚肉這2層的煎製！

6　煎製魚皮的邊緣和側面。

讓5倒向側面，以相同的方式煎魚皮的邊緣和側面。另一面的側面也要煎。

＊這時候會再度傳出水分釋出的啾啾聲。採用法式嫩煎法會有一層麵粉薄膜的保護，所以肉身也能直接煎。但是不能煎過頭。

7　徹底煎製魚皮。

用油炸夾讓魚皮朝下，煎至酥脆為止。用手指按壓側面和上面來確認熟度。

＊觀察上方最飽滿的部位，如果釋出水分呈現濕潤的狀態，就表示快要煎好了。

8　煎製最飽滿的部位。

用油炸夾夾起魚肉，讓上方最飽滿的部位朝下煎煮。用廚房紙巾將油擦拭乾淨，關火之後用餘熱溫和地加熱肉身。

＊刀子一切下，水分就會滴出來，這就是理想的煎製成品。

Bonne idée

年輕時，有個前輩曾告訴我：「煎好的魚塊用2根手指捏起時，必須呈現出水平的一字型。」因此我對法式嫩煎法的認知，就是要將麵粉煎至定型，且魚塊要有如裝了鋼筋似地筆直。在煎製的過程中，原本的鮭魚會如下方照片所示，漸漸變得筆直。

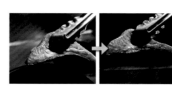

咀嚼時在口中擴散開來的鮮味正是烤牛排的醍醐味。
只要慢慢地、細心地煎烤，再確實靜置即可

烤牛排
Rosbif

製作烤牛排
絕對要使用油花少的瘦肉

　　煎牛排的時候不必想得太困難。畢竟就像韃靼生牛排一樣，牛肉本來就是生食也很美味的食材。所以不必在意熟度，粗略煎一煎就行。

　　煎得美味的關鍵在於，肉質不同的部位不要一起煎。尤其煎肉塊的時候，周圍如果有筋分布，有些部位就會變硬，或是受到纖維拉扯而不美味，所以還是確實去除為佳。既然特地準備了牛肉，當然希望品嘗最美好的滋味。還有，請將注意力放在接觸鍋面的部位，平底鍋與食材之間要保持有油的狀態，煎的同時要聆聽食材所發出的聲音。

　　牛肉要直接煎時，我一定會選用油花少的瘦肉。烤牛排的醍醐味就在於咀嚼時的鮮味。要想品嘗這份滋味，瘦肉再適合不過了。油花分布多的高脂肪牛肉一煎就會縮小，無法將我認知中的「煎烤」美味發揮出來。

不要使用烤箱。
用平底鍋做最後的煎烤

　　應該有不少人認為，烤牛排要先用平底鍋煎製表面鎖住肉汁，接著再用烤箱做最後烘烤。但是我這道烤牛排依舊用平底鍋來收尾。完全沒必要用大火一口氣煎製封存肉汁。這樣口感會變得硬梆梆反而不好吃。用中火慢而確實地煎烤，使中心5mm處半熟即可。為了讓任何人都能方便製作，本書一律使用平底鍋，不過如果回歸「燒烤」的原點，像速烹牛排（參照p.024）那樣放到烤網上，以微弱的直火不疾不徐地全面烘烤，香氣會更加迷人且美味絕倫。

【材料】（方便製作的分量）
牛肩肉塊（已去除多餘脂肪與牛筋等，
　　參照p.035）⋯⋯460g
鹽⋯⋯4g
油⋯⋯適量

🍳 直徑24cm的平底鍋

烤牛排的作法

前一天～數小時前

1 在牛肉上撒鹽使其滲入。

在牛肩肉塊的上下方撒鹽，用手輕抹使其滲入。不必全面撒鹽。

＊撒鹽時要先思考，確保切開後的每塊肉片的鹽味均勻分布。

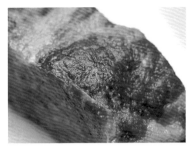

2 靜置於冷藏室。

用乾的廚房紙巾輕輕覆蓋，靜置於冷藏室中數小時至半天，讓鹽味滲透進去。

＊因為牛肉幾乎不會釋出肉汁，所以使用廚房紙巾就可以了。不可用保鮮膜覆蓋是因為會濕悶。

隔天

3 牛肉恢復至室溫，開始煎烤。

從冷藏室中取出2，靜置30分鐘左右使其恢復至室溫。在平底鍋中倒入油，用中火加熱，再將2擺上去。

＊我希望能「細細煎烤」，而非用高溫快速煎烤表面來封存肉汁，所以沒必要先加熱平底鍋。

4 煎的同時讓底下布滿油。

用油炸夾夾起肉塊或搖晃平底鍋，讓肉塊下方一直維持有油的狀態來煎烤肉的各面。

＊牛肉肉質極其細緻，也不易釋出水分，所以煎烤過程的聲音不大。也因為肉質纖細，請小心處理以免造成損傷。

5 過程中要確認油的狀態。

平底鍋中的油會隨著煎煮開始變濁。要確認油是否變得混濁。

6 擦掉混濁的油。

用廚房紙巾將混濁的油和鹽擦拭乾淨。

＊牛肉幾乎不會釋放出含有鮮味的水分。這些髒汙是脂肪與鹽。若是放著不管的話，鹽的澀味會很明顯，並殘留粗糙的口感，所以要把它擦拭乾淨。

7 倒入新油繼續煎。

在平底鍋中加入新的油，一樣要讓底下布滿油來進行煎煮。

＊用新鮮的油最好。尤其是有鹽掉入的油請擦拭乾淨，再倒入新油。

8 反覆煎製好各面。

重複4～7的作業煎製每一面。過程中要用油炸夾立起肉塊，讓側面也確實煎製。

＊如果只煎烤兩面，那吃到側面部位的人就太可憐了。請一視同仁地確實煎煮每一面。

9 確認煎製熟度。

完成品的目標是一分熟。用手指輕壓肉塊來確認。一分熟的判斷基準是，按壓時只有1處會像火山般湧出血水。

＊如果四處都溢出血水表示是五分熟。煎完後還要靜置，所以五分熟有點過熟了。這個測試只能做1次。

10 煎好後即取出。

確認9已經煎製好後即可取出。

＊如果想要添加胡椒香氣，就在煎烤完成的這個階段現磨撒入。這是為了發揮出胡椒的香氣，並且避免因為煎製而燒焦。

11 放到溫暖處靜置。

放在烤箱附近等溫暖處，靜置8～9分鐘。分切後即可盛盤。

＊因為是牛肉塊，請大家放久一點讓肉塊充分靜置休息。餘熱會加熱到中心處，肉汁也能吸收進去。

Bonne idée

請觀察煎完肉的平底鍋！裡面只殘留油和脂肪。釋出的並非肉汁（原汁）。正如各位所看到的，牛肉是不太會釋出汁液的肉，所以即便沒有煎烤封存肉汁也沒關係。我是說真的。

如果有 一整塊牛肩肉

千萬不要心存整塊肉直接拿來煎成烤牛排的想法。請將肉塊分切成數個部位，因應料理或目的毫不浪費地善加運用，以烹調出最美味的料理。牛肩肉有2層脂肪。烤牛排使用的是已經切除脂肪和筋的牛肉塊，而速烹牛排則是使用厚度1cm左右的牛肉片。此外，將筋多的部位切成薄片做成燒肉，而剩餘的脂肪則做成牛油，像這樣分開運用。

像這樣解體肉塊！也可以請託肉鋪或超市分切到這個程度。

1 切下第1層厚厚的脂肪。將手指用力插入脂肪和肉之間稍微剝開，再用刀子輕輕切下筋和脂肪。

2 用左手使勁拉開。

3 左手往上提，將肉翻過來，刀子邊往內切邊剝離開來。

4 幾乎繞一圈之後，將其切開。

5 將第2層薄薄的脂肪朝上，將手指插入脂肪和肉之間稍微剝開，然後用刀子沿著肉和脂肪的交界處往內切開。

6 將肉換個方向握，讓刀刃朝右切下肉塊剩餘的脂肪。

7 取4切下的脂肪，切下牛筋密布的2個部位。脂肪較多者再適度切除脂肪即完成塑形。

8 刀與纖維呈直角切成薄片，用烤網烤成燒肉就很美味。

9 筋較多者也先適度切除脂肪。建議也是讓刀與纖維呈直角切成薄片，建議可熱炒或是用鐵網烤成燒肉。

用一把平底鍋完成煎烤。
是一道多汁且保證美味的宴客料理

烤全雞
Poulet rôti

掏空的雞腹是加熱的關鍵

　　這是我在亞爾薩斯一家三星級餐廳工作時的事了。
那時在每個週末都固定會去拜訪一家葡萄酒釀造廠，那
家人時常烹調來招待我的料理就是烤雞。老闆會將烤全
雞大卸八塊，大家再分別享用自己喜歡的部位，對我而
言這就是一道充滿回憶的料理。

　　整隻雞裡集結了多種加熱法各異的部位。我常說
「肉質不同的部位不要放在一起煎烤」，然而烤全雞卻是
一道與此思維完全相反的料理。雖然這道料理放棄分別
烹調出各部位的美味，卻仍具有只有烤全雞才能品嘗得
到的美味，既軟嫩又多汁。將這一切化為可能的，靠的
是取出內臟後掏空的腹部。因為雞的外側是用平底鍋直
接煎烤，所以燙得連碰都碰不得；但是內側的腹部卻是
慢慢加熱到50～70℃，空氣便會產生對流，得以緩慢而
溫和地烘烤。未經高溫封存肉汁，可以烤得很鬆軟，骨
頭會滲出骨髓液，一支解開來美味的肉汁（水分）就會
涓涓流出。

以雞腿肉的熟度
來確認煎烤狀況

　　那麼可以從哪裡觀察是否已經烤好了呢？請將目光
鎖定在雞腿肉。這個部位要烤熟比較費時，所以只要雞
腿肉烤得恰到好處就沒問題了。雖然雞胸肉會有點太
熟，但即使是七分熟、全熟也很美味。

　　當然也可以用烤箱來烤全雞，但是我認為如果已經
用得得心應手，用平底鍋煎烤出來的烤雞絕對比較美
味。老實說，很難判斷是否已經煎烤完成。只能透過多
次的製作和失敗，從中學習方能熟練。這種看不到內部
的料理，經驗尤其重要。

【材料】（1隻雞）

全雞（掏空內臟）⋯⋯ 1隻（1100g）
鹽⋯⋯ 10g
油⋯⋯ 適量

🍳 直徑24cm的平底鍋

烤全雞的作法

前一天～數小時前

1 切下脖子。

翻開脖子處的皮，用刀子分別從脖子的左右兩邊切入，切下脖子。

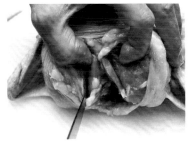

2 沿著鎖骨下刀。

鎖骨位於脖子上方，呈八字形。用刀尖沿著這裡的骨頭切入。

3 將鎖骨與軟骨切分開來。

從位在胸骨中心處的軟骨下刀，切開鎖骨之後，再從鎖骨內側切入。

4 去除鎖骨。

往近身側一拉即可輕鬆取下。

＊烤好之後鎖骨會難以取下，導致支解不易，所以在這個階段先取下。

5 用棉線綑綁塑形。

先將翅膀拉直展開後再折起，整齊地收在背部（身體下方）。如果腹部內仍留有內臟等異物則須先去除，再用棉線固定雞的外型（參照p.040）。

＊依個人喜好，在腹中塞入新鮮香草應該也不錯。

6 撒上鹽並放入冷藏室靜置。

撒上鹽，用手塗抹整體使其滲入，靜置於冷藏室數小時～半天，使之入味。

隔天

7 用熱水淋雞。

從冷藏室中取出6，澆淋滾水讓雞皮繃緊。請勿將熱水倒入屁股的開口中。

＊雞皮收縮後瞬間變得很緊繃，烤好的成品才會有光澤。

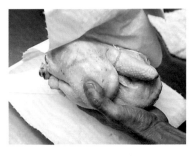

8 擦乾水分後靜置10分鐘。

用廚房紙巾將水分徹底擦乾，在室溫中靜置10分鐘左右。

＊如果省略這項作業，煎烤時油會噴濺造成危險。

9 開始煎烤。

在平底鍋中倒入1大匙的油，用中火加熱，緊接著將8的背部朝下放入。

＊將盛盤時會在上面的那側朝上，在作法11中用油淋法來定型。

10 讓雞的下方布滿油。

用油炸夾將雞夾起，或是搖晃平底鍋，讓下方隨時保持布滿油的狀態來煎烤。

11 邊煎邊淋熱油。

將平底鍋稍微傾斜，用湯匙舀起清澈的油從上方淋下（油淋法）。反覆澆淋。

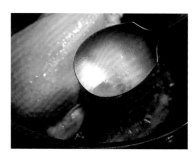

12 油變濁後就擦掉。

在煎烤的過程中油會逐漸變濁。當鹽結成塊且變混濁後，要用廚房紙巾擦拭乾淨，再倒入新的油。

＊若用含鹽塊的油澆淋，鹽會附著在雞肉上而烤焦。進行油淋法時單純只淋油。

13 將雞腿煎至微微上色。

待整體大致上色後，用油炸夾使單邊的雞腿朝下，把雞立起來。煎至表面輕微上色為止。上下翻轉之後煎烤另一邊。

14 頸根也煎好後即取出。

用油炸夾使頸根朝下，把雞立起以相同方式煎烤，然後暫時取出。倒掉平底鍋的油，再用廚房紙巾擦拭乾淨。

15 用新油再煎一次雞腿。

在14的熱燙平底鍋中倒入1大匙的油，接著讓單邊的雞腿朝下放入鍋中，邊煎邊淋油。

＊此步驟開始進入正式的煎烤作業。首先從雞腿開始。若急著「煎好」一定會燒焦，所以要慢慢地加熱。

16 上下翻面，煎烤另一邊。

用油炸夾將雞上下翻面，讓另一邊的雞腿朝下。趁朝上的雞腿肉變涼前抓緊時機翻面，同樣邊煎邊淋油。

17 反覆上下翻面數次來加熱。

重複進行數次15和16的作業，將雞腿肉煎熟。油如果在過程中變濁就倒掉，擦拭平底鍋後倒入新的油。

＊趁上方的雞肉變涼前翻面，便能自然地重複「煎烤之後休息」的狀態，溫和地加熱。

18 煎至上色即完成。

將整體煎出令人垂涎的金黃色澤。

＊要是能煎出層次感的話當然再好不過了！

▶接續 p.040

烤全雞的作法

19 煎好後即取出。

將油炸夾插入屁股的開口，將雞取出。

*雞皮十分脆弱。用油炸夾取出雞肉時，要避免戳破雞皮。

20 取出之後靜置。

按壓雞腿，如果彈性扎實就表示已經烤熟了。取出靜置於溫暖處約10～15分鐘。支解開來後，用雞骨萃取出的高湯製作醬汁（參照p.041），然後盛盤。

（參照p.041）

Bonne idée

在作法17想著「已經烤熟了嗎？」的時候，請試著將油炸夾插入屁股的開口，並斜斜地抬起雞肉。如果流出的汁液是混雜著血塊和透明肉汁的狀態，就是最理想的狀態！

如果只有血水，表示還不夠熟；如果流出的全是透明肉汁，則表示烤過頭了。這項測試只有1次機會！

在作法17

雞肉的塑形方式

棉線綑綁法 —— 基本形

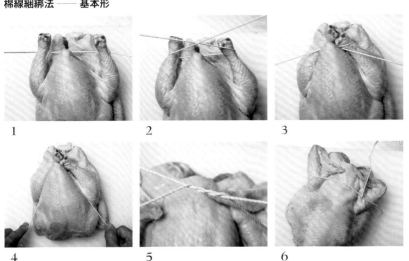

1　　　　2　　　　3

4　　　　5　　　　6

將雞胸朝上放置。將棉線穿過雙腳底下（1），在上方交叉（2）。把棉線拉緊固定（3），直接沿著雞腿勒進交界的凹陷處（4）。翻面，讓雞槌朝內環抱。將線交錯轉2～3次（5），拉緊後將打結處移到單邊的雞槌，打死結固定（6）。這樣一來棉線就不易從肉身脫落了。

竹籤串法——作法簡單，但缺點是會在雞皮上留下戳孔

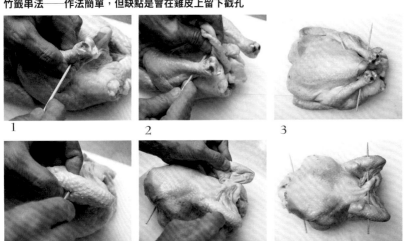

1　　　　2　　　　3

4　　　　5　　　　6

將竹籤刺穿位於腳部阿基里斯腱延伸線上的關節（1）。閉合雞屁股的雞皮，用竹籤刺入（2），再穿過另一腳的關節（3）。雞翅的部分則先將雞上下翻面，刺穿雞中翼（4），接著刺進背骨上的皮（5），最後刺穿另一邊的雞中翼（6）。最後剪掉多餘的竹籤。

烤全雞煎烤完成後

在此為大家介紹如何完美支解煎烤得美味絕倫的烤全雞。此外，以平底鍋煎過的雞骨頭
會保持濕潤，用水熬煮高湯後骨髓會膨脹，便可萃取出美味的高湯。

烤全雞的分解方法

1 切開雞腿根部的皮。

2 左手握住雞腿肉，一邊拉開骨盆，一邊用刀子一點一點地切開。

3 切斷關節處之後取下雞腿肉。另一側也依照相同方式取下。

4 將雞翅朝向自己，刀子沿著胸骨兩側切入。

5 一邊用左手剝開肉身，一邊用刀子切開雞胸肉。

6 左手握住肉塊往上拉。

7 改讓另一邊的雞胸肉朝下，切斷筋後取下。

8 切下雞里肌肉。另一側也以5～7的作法照做。

9 里肌肉的筋很堅韌，切入之後再拉除即可取下。

萃取高湯，製作醬汁

10 骨頭是富鮮味的部位。萃取其汁液後用於製作醬汁。較硬的骨頭用刀子切開。

11 較軟的骨頭用手支解成適當的大小。

12 將11放入平底鍋中，加入500mℓ的水（或雞骨湯）和10g的奶油。

14 加熱13的鍋子，加入10g的奶油，用打蛋器攪拌均勻，製作成醬汁。

13 開大火加熱至沸騰的狀態以熬煮高湯，湯面若有凝結的浮沫就撈除。加入2g的鹽熬煮片刻，待充分熬出鮮味後，過濾到別的鍋中。

基本的調味料

鹽

我使用「伯方鹽」已經將近40年了。鹽粒較粗，使用方便，具有恰到好處的鮮味。我會用鍋子煎乾鹽，再用網目粗大的錐形過濾器或網篩過濾，將鹽粒分成自己想要的大小備用。用3根手指捏起來的分量是1g，也掌握了它對食材的滲透情況。使用起來真的很順手。

奶油

製作料理時所使用的是無鹽奶油。在法國當地也是如此。若使用含有不少鹽分的有鹽奶油，在調整味道前料理本身就會具有鹹味，這樣是不行的。我愛用的產品是「可爾必思（股）特選奶油」。沒有異味，不會干擾料理是其魅力所在。

橄欖油

自己長年愛用的橄欖油是「キヨエ（KIYOE）」。它是未經過濾的初榨橄欖油，具有純粹、中性的味道和香氣，因此易於使用。在廚房中為了使用方便，我會把它裝入醬料擠壓瓶中。在烹調時最理想的橄欖油，就是像這樣對自己來說用途廣泛，而且可以大方使用的橄欖油。我不會依照用途分別使用純橄欖油和初榨橄欖油；另一方面，作為料理最後潤飾之用的橄欖油，我會喜歡個性更獨特的產品。

葡萄酒

白酒、紅酒皆為澳洲產。白酒是夏多內，它的酸味非常棒。紅酒則是卡本內蘇維翁，很適合我的料理。因為單寧含量高，所以煮乾水分後會殘留紅酒特有的些許澀味，而且顏色很深，這兩點都令我很滿意。

雞骨湯

我推薦使用不添加化學調味料的雞骨高湯粉。使用方便，沒有多餘的味道，因此能發揮出食材的細膩香氣。在本書中，為了讓大家享受在家製作料理的樂趣，我刪去了使用高湯的食譜，按照用途改成了雞骨湯。牛肉高湯（Bouillon）的味道複雜且太過濃郁，所以我喜歡這種雞骨類的高湯。

鮮奶油

我使用的是乳脂肪含量38％的鮮奶油，重點是鮮奶油不能含有植物性脂肪。植物性鮮奶油會降低料理的風味，所以不建議大家使用。

Chapitre 2

蔬菜和雞蛋
極力追求的
日常美味

雖然新奇的蔬菜越來越多，但是我認為與其因此去拓展菜單的內容，倒不如去細想如何將日常使用的蔬菜變得美味，鑽研這樣的方法要有用得多。比方說番茄的話，該如何去除水分好讓味道濃縮？馬鈴薯含有澱粉，所以要如何依照不同的烹調方法分別使用。如果我想做糖漬胡蘿蔔，我會用削皮器削皮後唰唰地切成滾刀塊；我不會將胡蘿蔔修邊之後，再修整成橄欖球的形狀。因為胡蘿蔔的美味來自於靠近外皮的地方，特地捨棄最美味部分的作法就太過愚昧了。雞蛋也是日常中的食材，會受到一點點鹹度以及烹調溫度或是時間的影響。越簡單的事情就越困難。然而，將簡單的事情做到極致，就會變成最好的成果。我想這就是料理的豐富感。

沙拉醬（dressing）是由dress（洋裝）ing（進行式）組成。
沾裹醬汁就像是幫食材穿上洋裝般，要輕柔地包裹。

綜合蔬菜沙拉
Salade composée

首先，要讓蔬菜
恢復生意盎然的狀態

　　大家知道如何製作出真正美味的沙拉嗎？我認為葉菜類沙拉最重要的是咀嚼時的清脆口感。因此，在使用之前要將蔬菜要浸泡在水中，讓它恢復成像生長在田間時那般新鮮水嫩、生意盎然的清脆狀態。當蔬菜吸收水分之後甦醒過來，每一片葉子的葉尖都精神抖擻地立起，開始宣示自己的存在。因此只要將浸泡在水中的蔬菜撈上來，就能了解所謂「清脆的狀態」是什麼。如果蔬菜碰觸到手的部分變少，並且可以感受到其與手之間的空間時，浸泡就完成了；如果蔬菜仍會纏附在手上，就要再稍微浸泡一下。

　　也可以將吸收了水分的蔬菜用廚房紙巾包覆，再放入冷藏室中備用。只需在要品嘗前一刻拌上沙拉醬即可。便可將完成的沙拉立刻端上桌。

沙拉醬的含意為何？

　　大家知道dressing這個字是「dress + ing」嗎？也就是現在正在穿洋裝的意思。因此，當沙拉醬裹住蔬菜的時候，宛如讓蔬菜輕輕地穿上柔軟的衣服般，要輕輕柔柔地拌勻。而且沙拉醬要沿著缽盆的邊緣倒入。請絕對要避免做出「從蔬菜上方直接淋下」的粗魯作法。

　　這裡使用的沙拉醬含有芥末（芥末油醋醬）。逐次倒入極少量油，再由外往內移動打蛋器混合拌入。加入芥末的沙拉醬較為濃稠，所以請更慎重且更確實地攪拌。如果不好好地製作，味道就會變得不均勻。

【材料】（方便製作的分量）

個人喜歡的葉菜類蔬菜⋯⋯ 適量

[芥末油醋醬]

（方便製作的分量，適量使用）

橄欖油⋯⋯ 120㎖
紅酒醋⋯⋯ 30㎖
鹽⋯⋯ 3g
芥末醬⋯⋯ 20g
白胡椒⋯⋯ 依個人喜好

無論是顆粒芥末醬、第戎芥末醬或日式芥末糊，只要選用自己喜歡的芥末產品就好。

綜合蔬菜沙拉的作法

1 製作油醋醬。

將芥末醬和鹽放入玻璃缽盆中，用打蛋器研磨攪拌，將鹽溶入其中。

2 用少量的醋溶解稀釋。

倒入少量的紅酒醋，使其完全溶解。

＊如果一開始就一口氣把醋倒入，會混合不均。

3 混合剩餘的醋。

當2變得滑順後，一口氣加入剩餘的紅酒醋攪拌。

4 攪拌混合橄欖油。

從缽盆的周圍逐次倒入少量的橄欖油，從外側往中央移動打蛋器來攪拌。

＊因為油的濃度很高，所以請更加慎重且確實地拌勻。

5 攪拌至滑順狀態。

待醬汁變得像是乳化般滑順又有濃度時，就完成了。依個人喜好，也可以加入胡椒。

＊靜置片刻後，油會漂亮地分離。這是絕佳狀態。使用前只要再充分攪拌，就會恢復滑順的狀態。

6 將葉菜類蔬菜泡水。

在缽盆裡裝滿冰水，浸泡葉菜類蔬菜。

＊要特別注意不要泡水太久。如果讓吸飽水的蔬菜繼續吸水，葉尖會變黑而呈褐色，或變得軟塌。我把這個情況稱為「溺死」。

7 讓蔬菜吸水而變得清脆。

靜置2～3分鐘，待葉尖變得清脆時即完成浸泡。用手拿起蔬菜時若仍會纏繞在手上，就再稍微浸泡一下。

8 用蔬菜脫水器瀝乾水分。

放入沙拉旋轉器中，蓋上蓋子輕柔地轉動5圈。

＊大家切勿過度轉動蔬菜脫水器！只要甩掉表面不必要的水分就可以了。我希望能保持蔬菜內部的水分。

9 打開蓋子確認狀態。

打開蓋子一看，葉子會因為離心力而飛散到周圍。

10 撥散菜葉，再次瀝乾水分。

將菜葉撥散鋪平，蓋上蓋子再度輕柔地轉動5圈，去除多餘的水分。

＊在葉子飛散於四周的狀態下轉動，只會造成脫水不均的狀況。所以要重新鋪平菜葉，才再次轉動脫水。

11 將油醋醬倒入缽盆中。

將10倒入缽盆中。5充分攪拌之後，沿著缽盆的周圍淋入。

＊請不要做出將油醋醬直接澆淋在蔬菜上這類粗魯的事！

12 將蔬菜與油醋醬拌一拌。

雙手探入缽盆的底部，將蔬菜上下翻面使其仔細裹醬汁。

＊就像為蔬菜穿上洋裝般，動作要輕輕柔柔喔。

13 讓味道遍及整體直到葉尖。

用指尖輕柔地撥散葉菜類蔬菜，讓油醋醬遍布整體後盛盤。

Bonne idée

油醋醬經常被認為是用來作為沙拉的沙拉醬，但是它其實也可以充當主菜的醬汁，十分方便。例如，淋在像「速烹牛排」（參照p.024）這類烤得很樸實的牛肉上，恰到好處的酸味和香氣，會使牛肉嘗起來更加美味。

Déclinaison

萵苣沙拉
Salade de laitue

我其實不喜歡萵苣，唯一願意品嘗的就是這道沙拉。把萵苣泡冰水變得爽脆之後，單純享用這份美好的口感。刀子切下去時脆脆的，放入口一咬也脆脆的。清脆的口感正是其美味所在。使用沒有加入芥末的傳統油醋醬（參照p.048）也OK。

【材料】（1～2人份）
萵苣⋯⋯1顆
芥末油醋醬⋯⋯適量

1 ── 將萵苣的芯削薄。
芯部乾燥的話會無法吸水。所以請觀察一下！芯部應該會釋出像鮮奶一樣的白色液體。鮮奶的法語是「le lait」。這就是萵苣（laitue）的由來。

2 ── 將整顆萵苣浸泡在冰水中，冰鎮至變得清脆為止。

3 ── 將芯朝上撈起來，徹底瀝乾水分後用廚房紙巾覆蓋吸收水分。
萵苣這種蔬菜不該將葉片拔開或撕碎後才冰鎮。若導致原有口感流失就無法挽救了。

4 ── 縱向切成4等分之後盛盤，淋上油醋醬。一邊用刀叉唰唰地成大塊一邊享用。

法式料理中的經典預製沙拉，
油醋醬的製作十分關鍵

涼拌胡蘿蔔絲

Carottes râpées

這道料理也以「醋漬蘿蔔絲（Carottes râpées）」之名而為人所知，是醃製沙拉中的代表，在日本也無人不曉。但是，各位是否認為它是用油醋醬（沙拉醬）醃製而成的呢？其實不然。利用胡蘿蔔釋出的美味甜汁來醃製蘿蔔絲，才是最原始的作法。油醋醬擔任幫助胡蘿蔔釋出汁液的角色。請絕對不要捨棄這些汁液。

此外，製作油醋醬時有個重點。因為材料只有油和水分，所以不會完全乳化。不過，要抱持著使其乳化的打算，鍥而不捨地攪拌。如果在這裡沒有先徹底攪拌使油粒子變細，稍後無論多麼用力攪拌也是徒勞。較大的油粒子若分散在醋中，口感就不會變得滑順。這一點放諸任何油醋醬皆準。

【材料】（方便製作的分量）

紅蘿蔔⋯⋯ 2根

[傳統油醋醬]
（方便製作的分量，使用一半的量）

橄欖油⋯⋯ 120mℓ

白酒醋⋯⋯ 30mℓ

鹽⋯⋯ 3g

1 製作油醋醬。

將白酒醋和鹽加入玻璃缽盆中，用打蛋器攪拌到鹽融化而顆粒感消失為止。

＊如果一開始就與油混合，鹽會無法溶入，導致味道不會融為一體。

2 攪拌混合橄欖油。

從缽盆的周圍一點一點地加入橄欖油，從外側往中心移動打蛋器來攪拌。

＊油不要一口氣全部倒入。要分次倒入少量。攪拌時會因為離心力使油擴散到周圍，所以要由外往中心混合。

3 開始變白變稠。

持續攪拌會逐漸變白，並出現稠度。

＊這時需要費力攪拌。手不要停，請耐心攪拌將油粒子打細。

4 完成油醋醬。

耐心攪拌到醬汁會沾黏打蛋器，且攪拌的手感到沉重為止。呈滑順狀態時就完成了。

＊靜置片刻後若完美地油水分離，表示製作得很好！使用前再次充分攪拌均勻，就會恢復到這個狀態。

5 削除胡蘿蔔皮。

切除胡蘿蔔的蒂頭和尾部，削皮（參照p.052的1）。

＊要一點不剩地確實削掉外皮。如果殘留外皮硬硬的口感，享用時就會卡牙且難以剔除，而且成品顏色也會發黑。

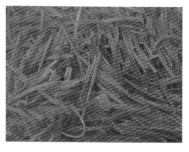

6 切成絲狀。

使用刨絲器等器具將胡蘿蔔刨成細絲（參照p.239），放入玻璃缽盆中。

＊使用不銳利的刨絲專用器具，讓胡蘿蔔絲切面凹凸不平，增加表面積。胡蘿蔔就會充分釋出美味的汁液，同時有助於入味。

7 沾裹油醋醬。

將油醋醬淋在6上，用手混拌使整體沾裹上。

8 搓揉使其入味。

用手揉搓之後讓胡蘿蔔釋出汁液。靜置浸漬片刻，使其充分入味。享用的時候再酌量加點鹽或醋調整味道。

＊涼拌胡蘿蔔絲是一種保存食物，所以在冷藏室中可以保存1週。醃漬時讓胡蘿蔔保持浮在汁液上的狀態。

Bonne idée

所謂乳化，指的是原本互不相容的水和油混合交融而成的狀態。出現稠度後，不但會變得比較容易沾裹在食材上面，還能帶出滑順的口感。通常透過乳化劑（介面活性劑）促進乳化作用。例如，蛋黃中所包含的卵磷脂。蛋黃醬就是藉著這個卵磷脂的作用，使水分（醋）比較容易混入油中喔。

由討厭胡蘿蔔的我所苦思出的湯品。
用奶油充分炒出胡蘿蔔的甜味和鮮味

胡蘿蔔濃湯

Potage Crécy

胡蘿蔔皮不能煮！
要一點不剩地削除

　　「若想製作出美味的胡蘿蔔濃湯，請先掌握胡蘿蔔的削皮方式。」我常將這句話掛在嘴邊。正確的削皮法是先削1條皮，再從側面仔細觀察。切面的兩端應該是稍微凸起的吧？將此處當做山的頂點，削第2條皮時就是要削除這個頂點。邊轉邊反覆削皮，轉一圈後便不會有皮殘留。蘿蔔皮無論怎麼煮都煮不軟，不但會讓口感變差，顏色也會發黑。

　　想要改善口感的話，就必須用果汁機充分攪打。胡蘿蔔、玉米和南瓜等，這類即使用果汁機攪打也不會釋出黏性的食材，要盡可能打久一點。我大概會攪打5～6分鐘左右。等到粒子變細之後，會形成令人驚豔的滑順口感呢。

炒的時候必須仔細觀察，
這點很重要

　　製作胡蘿蔔濃湯時，拌炒比燉煮更重要。用奶油不斷反覆拌炒，充分炒出胡蘿蔔的甜味。我將這項作業稱為「覆炒」。

　　希望大家在覆炒的時候，能目不轉睛地觀察鍋內。奶油的狀態瞬息萬變：融化之後呈白濁的顏色，接著變得透明，旋即消失，爾後又出現。尤其最後步驟是重要的關鍵。胡蘿蔔必須要與奶油的鮮味和乳清充分混合，以免燒焦。拌炒鍋子的每個角落，以免產生焦化。因為胡蘿蔔會變得非常甘甜美味，所以即使不使用牛肉高湯，只用水去煮就會令人食指大動。

　　如果將胡蘿蔔切成一口大小，並進行到覆炒的步驟（p.052～053的作法4～10），其實就是一經典的配菜「糖漬胡蘿蔔」。即使不加砂糖，也十分香甜美味。

【材料】（3～4人份）

胡蘿蔔⋯⋯ 3根（500g）
奶油⋯⋯ 70g
鮮奶⋯⋯ 80mℓ
鹽⋯⋯ 4g
水⋯⋯ 500mℓ

直徑21cm的鍋子

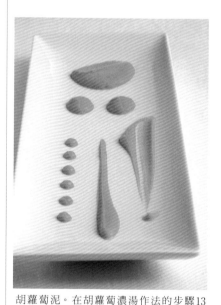

胡蘿蔔泥。在胡蘿蔔濃湯作法的步驟13中，將水減少至200～250mℓ，放入果汁機中攪打，就完成濃稠的胡蘿蔔泥了。可以用來作為肉類料理的裝飾、蔬菜凍，或是用一點水稀釋，添加小茴香或咖哩粉之後作為烤魚或帆立貝的醬汁。甚至可以做成甜點布丁。有無限多可能的變化。

胡蘿蔔濃湯的作法

1 削除胡蘿蔔的皮。

切除胡蘿蔔蒂頭後削皮。先削第1條皮，削第2條開始必須逐一削除切面與皮的交界處（邊緣）。

＊皮要完全削乾淨，這點很重要。如果有皮殘留，不但口感不佳，顏色也會發黑。

2 切出輔助性切口。

將胡蘿蔔縱切對半，從蒂頭側正中央切入一道切口，直到長約為蘿蔔的一半。

＊我希望蔬菜能夠切成大致相同的大小，炒起來較輕鬆。像胡蘿蔔這種整體有粗細變化的蔬菜，要切入輔助性切口是很重要的。

3 切成薄片。

從其中一端開始將其切成統一3mm厚的薄片。

4 用奶油開拌炒。

將奶油放入鍋中，用中火加熱，趁奶油還沒完全融化時放入3。

＊奶油融化之後容易轉眼間就燒焦，一燒焦不但鮮味盡失。還會增加不必要的味道。

5 邊炒邊讓奶油覆滿胡蘿蔔。

不斷攪拌以免煎出焦色，持續拌炒讓奶油覆滿胡蘿蔔。過程中加入0.5g的鹽。

＊奶油的水分炒乾後，會讓鮮味與乳清覆滿胡蘿蔔。因為奶油含有的蛋白質容易燒焦，要特別注意。

6 鍋底的油會漸漸變透明。

仔細觀察鍋底的狀態持續炒。奶油滾滾冒泡後，油會因為水分蒸散而逐漸變透明。

＊這表示5的乳清已裹滿胡蘿蔔，且水分已經蒸散，僅餘留單純的油。

7 迅速地移動木鏟拌炒。

此時很容易燒焦，所以要改變攪拌的方式。快速攪動木鏟，確實充分攪拌，每個角落都不放過。

＊將注意力集中在鍋底奶油的狀態！胡蘿蔔的胡蘿蔔素會轉移到油中變成橙色。逐漸變色的過程也別有樂趣。

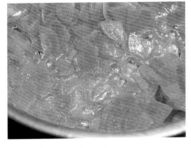

8 胡蘿蔔變得有光澤。

加入0.5g的鹽並攪拌均勻。胡蘿蔔和奶油融為一體之後，木鏟攪動起來會變得沉重。繼續炒到鍋底無油殘留，而胡蘿蔔變得有光澤為止。

＊接下來才是努力的關鍵時刻。絕對不可以炒焦。要好好地攪拌！

9 胡蘿蔔變得偏白。

緊接著胡蘿蔔的顏色會漸漸偏白，無法完全吸收的奶油會一口氣都釋放出來。

＊因為胡蘿蔔已經熟透，自此終於要開始釋出甜味。再努力一下！

10 完成拌炒。

將火關小並持續拌炒，當鍋底開始出現微微的焦色時即完成拌炒。

＊這些焦色是由胡蘿蔔的糖分所形成的。是甜味釋出的證明。

11 倒入鮮奶攪拌混合。

倒入鮮奶攪拌，將其均勻地沾裹胡蘿蔔。最初會是白濁的顏色。

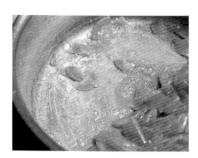

12 持續攪拌出透明感。

只要持續混合，胡蘿蔔就會慢慢地恢復透明感。

＊鮮奶的蛋白質和乳清會與油脂成分乳化，產生滑順的味道和口感。從這個時候開始會特別容易燒焦！

13 加水煮沸。

一口氣倒入水，用大火煮至沸騰。試試味道後加入2g的鹽，再次煮沸。

＊食材已經完全熟透，所以不須燉煮。看起來像是浮沫的白濁物質是奶油的鮮味「乳清」。千萬不要撈除！

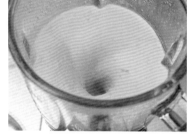

14 以果汁機攪打。

將13倒入果汁機中攪打。攪打5～6分鐘，盡可能打到滑順不已。

15 再度加熱並調味。

將14倒回13的鍋中再度加熱。試試味道後加入1g的鹽調味，然後盛盤。

在14中將胡蘿蔔移入果汁機之後，請試著觀察鍋底。如果形成薄薄一層膜就OK。這是已經充分拌炒的證據；如果鍋底光滑乾淨，代表炒得還不夠，尚未充分炒出胡蘿蔔的甜味。

應用篇

糖漬胡蘿蔔
Carottes glacées

胡蘿蔔靠近外皮的地方也帶有甜味，非常美味。不論品嘗的部分為何，希望讓整道菜的味道維持一致，因此我把胡蘿蔔切成滾刀塊。硬度方面雖然也可以依個人喜好，將其加熱到變得軟爛，但我希望能保有咬勁。

【材料】（2～3人份）
胡蘿蔔……1根（160g）
水……150～250㎖
奶油……15g
鹽……1g

1 —— 胡蘿蔔削皮後切成較小的滾刀塊。

2 —— 將奶油與1放入鍋中，用大火加熱。待奶油裹滿胡蘿蔔就加入100㎖的水和鹽。將整體上下翻面並攪拌。若水分減少後胡蘿蔔卻仍然很硬就再倒水，每次加50㎖的水。待奶油變透明，鍋底稍微變色時（照片a）也要持續攪拌。當胡蘿蔔的表面，出現近乎油炸前開始嘩滋嘩滋冒泡的狀態即完成（照片b）。

a

b

菜葉都沾裹奶油之後，即完成煎炒。
莖部捨棄不用

香煎菠菜
Epinards sautés au beurre noisette

　　在此教大家如何炒出真正好吃的菠菜。1株菠菜大致上可以分成堅硬的莖、綠色的菜葉以及淺綠色嫩葉的這3個要素。這道菜我也堅持「性質不同的食材不要放在一起加熱」的理念。將薄而易熟的菜葉與較硬且纖維強韌的莖部一起煎炒是行不通的。製作香煎菠菜時僅使用綠色的菜葉。讓菠菜迅速沾裹增添香氣的熱騰騰奶油，就完成煎炒作業了！

　　煎炒時使用的奶油是榛果奶油（焦化奶油）。因為菠菜具有濃郁的香氣和味道，所以奶油也要是帶有像堅果般深邃的香氣與爽口不膩的狀態。若只是把奶油融化，味道會太過醇厚反而不對味。還有，千萬不要使用胡椒！那會白白糟蹋菠菜的好滋味。

【材料】（2 人份）

菠菜⋯⋯ 20根
奶油⋯⋯ 30g
大蒜⋯⋯ 1大瓣
鹽⋯⋯ 1撮

🍳 直徑24㎝的平底鍋

菠菜要直立存放在冷藏室中。蔬菜採摘後仍充滿生命力，要讓其恢復到原本生長時的狀態。如果將菠菜橫放保存，蔬菜會意圖恢復到原本的姿態而產生壓力，味道會隨之變差。蘆筍也是如此。

1 讓菠菜吸水。

清洗菠菜,讓根部泡水。等到水分遍及葉脈、葉尖堅挺並且舒展開來時即完成浸泡。

＊如果菠菜帶有泥沙,要將菠菜一根根分開來清洗泥沙。

2 將菠菜分成3個部分。

首先掐下淺綠色葉子,接著從葉腋處掐下深綠色葉子,與莖部分開。煎炒時只使用深綠色葉子。

＊淺綠色的嫩葉柔軟無力,不適合加熱。請做成沙拉享用。莖部汆燙後做成涼拌小菜。

3 製作榛果奶油。

將奶油放入平底鍋中,用中火加熱,不斷地傾斜轉動平底鍋使其上色(參照p.236)。在此還要加入大蒜。

＊法文的beurre noisette就是「榛果奶油」的意思。奶油變成像榛果般的色澤和香氣。

4 過程中要加鹽。

最初會出現大泡泡,發出咻咻的聲音。加入半量的鹽來調味。

＊請仔細聆聽這個聲音。這是奶油融化後油水分離,其水分蒸散時所發出的聲音。可以透過聲音大小來確認水分蒸散的情況。

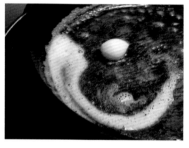

5 完成榛果奶油。

仔細觀察奶油的變化,持續繞圈晃動平底鍋。當泡泡減少、聲音靜下來,且顏色變成褐色時就完成了。

＊進行這項作業時請勿操之過急。因為我想要慢慢煮乾奶油的水分,緩緩加熱蛋白質以煮出褐色的色澤。

6 加入菠菜。

榛果奶油完成後,立刻放入2的深綠色葉子沾裹。

7 撒鹽並充分裹勻。

整體沾裹奶油之後,將菠菜葉平鋪,撒入剩餘的鹽,不斷攪拌溶入整體。

＊儘管名為「香煎菠菜」,卻不必煎炒。抱著裹滿奶油後就算完成的心態。

8 瀝除多餘的水分。

將網篩疊在缽盆上,將7放上瀝乾水分後即盛盤。

＊滴落到下面的水分帶有強烈澀味,根本無法入口。原因就在於菠菜所含有的草酸。這是多餘的,要瀝除。

Bonne idée

在作法1中要避免泡水過度。一旦葉脈無法再吸收水分時,葉尖會像要腐敗般變黑。我稱此現象為「溺死」,若變成這樣的狀態,請掐下變黑的部分並捨棄。這道香煎菠菜也推薦當做配菜,搭配煎製的雞肉或豬肉等主菜。

滑順的「泡沫」入口即化，
頓時散發出蔬菜香氣

甜椒慕斯
Mousse de poivrons rouges

番茄慕斯
Mousse de tomates

攪拌時
不要破壞滑順的氣泡

　　慕絲的法文mousse為「泡沫」之意，顧名思義，將慕斯放入口中之後會鬆軟滑順地化開，食材的風味隨即擴散開來，這便是理想的成品。若要做出這樣的口感，我認為有2個重點。

　　其一是鮮奶油的打發狀況。起初讓鮮奶油充滿大量氣泡，打發至一定程度之後，慢慢地移動打蛋器，使氣泡穩定下來。這麼一來就不會打發過度，呈現出滑順的口感。還有一個小細節：打發鮮奶油時最好使用玻璃缽盆。若用金屬缽盆有時會掉下非常細微的碎片而釋出鐵鏽味。其二則是在與甜椒或番茄混合時，要避免消除鮮奶油的氣泡。我希望能確實攪拌混合，但又不想破壞氣泡。必須從調理盆底部不斷往上舀起，以上下翻拌的方式混合。

用醋
為番茄提味

　　一般市售的番茄酸味較低，因此與鮮奶油搭配時味道較不明顯。所以，我會使用醋來提味。只要在加熱的時候加入醋，原本模糊的味道會一下子變得立體，讓味道的輪廓更加鮮明。此外，由於醋是釀造而成的，所以加熱之後多餘的酸味會揮發而形成鮮味。當我想在燉煮料理中稍微加強鮮味時，我也會使用醋，但是要注意不能添加過量。檸檬則是有著強烈的香氣，所以不適合用來提味。

【材料】（方便製作的分量）

甜椒慕斯
[甜椒泥]
（方便製作的分量，使用100g）
紅甜椒（230g重）⋯⋯ 2個
吉利丁片⋯⋯ 8g
鹽⋯⋯ 2g

鮮奶油（乳脂肪含量38％）⋯⋯ 100g
鹽⋯⋯ 1g

番茄慕斯
[番茄泥]
（方便製作的分量，使用140g）
番茄⋯⋯ 300g
紅酒醋⋯⋯ 5㎖
吉利丁片⋯⋯ 6.5g
鹽⋯⋯ 2g

鮮奶油（乳脂肪含量38％）⋯⋯ 100g
鹽⋯⋯ 1g

甜椒慕斯的作法

1 製作甜椒泥。

先將烤網放在瓦斯爐上,再放上甜椒,用大火加熱,以直火將整個表面烤得焦黑為止。

＊當想釋放出甜椒的「味道」時,我會先烤過。這種鬆軟溫熱的美味只有經過烘烤才會顯現出來。

2 去除甜椒的皮、籽與皮膜。

將1沾水後將皮完全剝除乾淨。去除蒂頭再去除籽和白色皮膜。在這個狀態下,每個重量為135g,共計270g。

＊而吉利丁片的用量請準備此重量的3%。這裡大約是8g。

3 用果汁機攪打後以網篩過濾。

用果汁機攪打,盡可能打至滑順的狀態。如果可能的話,請攪拌5～6分鐘,然後用網目細小的網篩過濾,去除纖維。

＊口感是慕斯的靈魂。我會讓果汁機盡量多轉幾次,打碎纖維使粒子變細。這是作法的重點所在。

4 用水將吉利丁片泡軟。

在缽盆中準備冰水,將吉利丁片一片片放入。過程中要換2～3次冰水。

＊請勿一次放入多片吉利丁片,否則會黏在一起而造成軟硬不一。浸泡吉利丁片時要換水,以去除來自於原料中的豬腥味。

5 製作慕斯基底。

將3倒入鍋中,用中火加熱,煮沸後加入2g的鹽調味。用布巾擦乾4之後加入鍋中。

＊因為不想加入多餘的水分,所以一定要擦乾已泡軟的吉利丁片。

6 攪拌使吉利丁融化。

用木鏟攪拌吉利丁片使其溶解,再次沸騰後要立即關火。

＊如果一直加熱,吉利丁片的凝固力就會減弱。

7 用網目細小的網篩過濾。

將6倒入網目細小的網篩中過濾,去除未完全融化的吉利丁等。

8 放入冷藏室中冰鎮凝固。

將7底部墊著冰水,同時攪拌散熱。接著放入冷藏室冰鎮凝固。

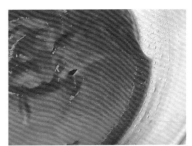

9 凝固之後才打發鮮奶油。

當8凝固後,將鮮奶油和1g的鹽加入玻璃缽盆中,底部墊著冰水,打發使其飽含空氣。

10 打至八分發。

打發至一定程度之後，感覺像是要擠破氣泡般慢慢地移動打蛋器，將其打至八分發。

＊最後收尾時，攪打時要仔細地觀察狀態，防止打發過度，氣泡穩定後即可形成滑順的口感。

11 加入甜椒泥。

在9已經凝固的甜椒泥中取出100g，以微波爐加熱10～20秒左右使其軟化，攪拌均勻再加入10之中。

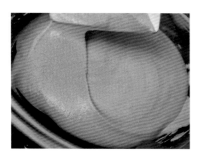

12 與鮮奶油攪拌混合。

從缽盆的底部不斷往上翻拌均勻。

＊不可壓破氣泡。只要用有如上下翻面般的方式就沒問題。

13 冰鎮凝固。

放入冷藏室中冷卻凝固。再用湯匙舀起盛盤。

Bonne idée

甜椒原本是產自中南美洲的蔬菜。傳到匈牙利之後，才改良成現今帶甜味的品種。從起源來看，在慕斯糊基底中用甜椒粉增添風味也別有樂趣。此外，亦可加入帶辣味的卡宴辣椒粉，以及帶有甜香的巴斯克地區特產埃斯佩萊特辣椒粉也不錯。想要享受香氣的話，也可以在盛盤之後才撒上去。

番茄慕斯的作法

作法與甜椒慕斯基本上相同。在此詳細介紹不同之處。

1 熬煮番茄。

將番茄帶皮切成大塊狀，放入平底鍋中，用中火熬煮，過程中加入紅酒醋。

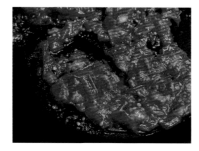

2 完成熬煮。

熬煮至果醬狀。此狀態為220g。

＊吉利丁片的用量為此重量的3%量。這裡大約是6.5g。

3～13

3～10與甜椒慕斯相同。11取用的番茄泥為140g，用微波爐加熱10～20秒左右軟化，攪拌均勻之後加入10之中，拌勻後即可冰鎮凝固。

奶油香煎料理之所以會失敗，原因在於奶油！
只需在完成時裹上奶油的香氣與鮮味即可

奶油香煎
蘑菇洋蔥馬鈴薯

Sauté de pommes de terre, champignons et oignons au beurre

奶油香煎料理
旨在「發揮奶油風味」

常聽人說「奶油香煎料理無法做得美味」。

大家知道嗎？奶油香煎料理其實並非用奶油來煎炒。將食材先用橄欖油或個人喜歡的植物油確實炒熟後，收尾時再用奶油增添香氣和鮮味——這才是奶油香煎料理。因為我希望藉由奶油的風味和鮮味，讓食材吃起來更美味。然而持續加熱奶油的話，會導致鮮味（乳清）燒焦。如果在食材煮熟之前奶油就燒焦，因而破壞了風味，那可就本末倒置了。所以，會在最後收尾時才將食材沾裹上奶油。

在此使用的是料理常用的蔬菜，如馬鈴薯、蘑菇與洋蔥。雖然不是餐廳會端出的料理，卻毫無理由地美味極了！這道蔬菜料理要是出現在自家餐桌的話那就十分豐盛了。此外，裡頭的每項蔬菜也都能單獨作為主菜的配菜。

分別炒好3種食材後
再結合一起

在此之前我已經介紹過好幾次，「不同性質的食材不可以一起炒」，這裡也是使用這個方法，先各自炒好3種食材，最後結合起來。

重點在於火候。不論哪個食材都是用大火炒。尤其是蘑菇，如果火候太小就會立刻釋出水分，也無法煎出美味的金黃色澤。馬鈴薯如果煎炒不足會導致外型潰散，味道也不可口；話雖如此，但是如果用小火煎太久，馬鈴薯就會變成像燉菜般失去了濕潤感。因為這些食材不會那麼容易燒焦，所以毫無顧忌地用大火炒正是烹調的美味祕訣。蘆筍是奶油香煎料理的經典食材，亦可用同樣的方法製作。

【材料】(3～4人份)

馬鈴薯⋯⋯ 4個（470g）
蘑菇⋯⋯ 14朵（240g）
洋蔥⋯⋯ 中型2個
油⋯⋯ 約50ml
橄欖油⋯⋯ 40ml
奶油⋯⋯ 27g
鹽⋯⋯ 適量
白胡椒⋯⋯ 少量

🍳 直徑24cm的平底鍋

購買蘑菇時，請盡量選擇又大又雪白、從保鮮膜上捏起來時感覺很結實的蘑菇。此外，菇蒂粗短的蘑菇比較適合製作香煎料理。

奶油香煎蘑菇洋蔥馬鈴薯的作法

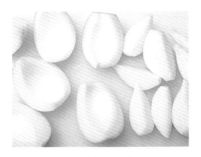

1 將洋蔥分的內外側分開。

剝除洋蔥外皮後切對半，分別縱切成3等分。用手撥開分成內側以及外側這2個部分。

2 統一切成相同大小。

將較大的外側縱切成3等分，統一切成大小幾乎一致的月牙狀。

＊要均勻煎炒的話，我希望大小盡量統一。只要先分成內側和外側之後再切，就能輕鬆切得漂亮。

3 將馬鈴薯切成月牙狀。

將馬鈴薯徹底洗淨去除泥土，然後帶皮縱切對半，再切成月牙狀。

＊馬鈴薯不論用什麼方式調理，帶皮烹調是基本原則。可以防止直接受熱而不易釋出水分，還能溫和地加熱。

4 將蘑菇縱切對半。

如果蘑菇的菇蒂附著泥土則須切除，再連同菇蒂縱向分切對半。

＊附著在菇蒂上的泥土即使洗也洗不掉，所以索性切除。

5 煎製馬鈴薯。

平底鍋中倒入約50㎖的油，用大火加熱，晃動平底鍋提高油溫。潤好鍋並升溫至約160℃時，放入3。

＊油溫不能太低。釋出澱粉會容易沾黏，變得像是「燉煮」般的油膩。

6 煎製時讓下方布滿油。

煎後晃動平底鍋讓鍋面布滿油，加以煎炸。過程中馬鈴薯若是沾黏，就要一一剝開。

＊當馬鈴薯的水分蒸散時會咻咻地冒泡，所以要邊煎邊仔細聆聽聲音。

7 表面形成脆硬的外層。

持續煎製後，馬鈴薯表面因水分流失而變硬，冒泡的聲音也逐漸變小。

8 按壓表面加以確認。

當冒泡聲變弱而轉為唰唰聲時，按壓馬鈴薯表面加以確認。如果不帶黏性且變輕，就表示已經熟透。

＊因為用大火煎製，所以呈現外皮爽口而內部濕潤的狀態。若火太小，不但加熱費時，內部還會變得乾巴巴的。

9 上色後即撈起。

只要觀察色澤，煎出令人垂涎的金黃色時即完成煎製。倒入網篩中瀝油。

＊請不要試圖使馬鈴薯均勻上色。這是不可能的。不均勻也是一種美味，所以沒關係。

10 翻炒蘑菇。

在9還熱騰騰的平底鍋中倒入1大匙的橄欖油，用大火加熱，再放入4翻炒。待蘑菇吸油後，再補加1小匙的橄欖油。

＊要用大火炒菇類，且不要一開始就用很多油。如果不遵守這點的話，就會釋出水分而變得軟塌。

11 補加橄欖油，並撒鹽。

蘑菇不再吸油時，補加1小匙的橄欖油，再撒2g的鹽拌炒。

＊鹽不容易沾附在馬鈴薯上，所以在加熱過程中不撒鹽，但是菇類和洋蔥要先用鹽調味。

12 出現光澤即完成煎炒。

當煎炒的時候發出啾啾聲，蘑菇表面出現光澤即完成煎炒。

＊照片是蘑菇的水分適度流失後，味道變得濃郁且香氣四溢的狀態。

13 取出蘑菇放到馬鈴薯上。

將12疊放在9的馬鈴薯上。

＊馬鈴薯會吸收菇類釋出的鮮甜水分，可以毫不浪費地使用所有的美味元素。

14 拌炒洋蔥並撒鹽。

在13還熱騰騰的平底鍋中倒入1大匙的橄欖油，用大火加熱，放入1和2再撒2g的鹽。

15 釋出甜味後，倒回2種食材。

用大火炒至微微上色之後，試試味道。洋蔥釋出甜味後辛辣味會降低，趁仍多汁時將13全部倒回鍋中輕輕拌炒混合。

＊洋蔥的拌炒狀態沒有標準答案。請依據個人的喜好變化。

16 沾裹奶油。

將奶油放在15的上面，稍微融化之後，甩動平底鍋使其融入整體。

＊奶油會為這道料理增添香氣。最後利用奶油使食材變得濕潤，說得極端一點，就是想像是在燉煮般試著讓奶油裹勻整體。這才是奶油香煎料理。

17 調味。

扭轉1圈胡椒研磨器為整體添香，最後再用適量的鹽調味。

＊製作煎炒料理原則上都是最後才撒胡椒。

Bonne idée

因為是生長在土裡的蔬菜和根莖類蔬菜的組合，所以只需淋上和這類作物很對味的松露醬，即有如餐廳的美味。也可放入無底的圓形模具或慕斯圈中，撒上乳酪之後再用小烤箱烘烤也很不錯。

如果想煎得完美，
就從平底鍋的握法學起吧！

原味歐姆蛋

Omelette nature

首先，拿鍋時要讓
平底鍋的鍋面持平

　　雖然大家都說「歐姆蛋是雞蛋料理中的基礎」，但是其實這道料理深奧不已，非常難以製作。我理想中的歐姆蛋成品，首要是必須煎出左右均等的漂亮形狀。次要則是切開極薄的薄煎蛋皮後，裡面包覆著半熟的嫩炒蛋。蛋液是液態狀的，而且加熱之後就會立刻開始凝固，如果加熱過度轉眼就變硬。實在是棘手的食材。我在修業期間可是一直練習到腱鞘炎發作，才漸漸能夠煎出理想的狀態。

　　因此我從中領悟到，首先平底鍋的握法很重要（參照 p.067）。歐姆蛋要利用平底鍋的形狀，尤其是靠邊緣的圓弧來煎製，所以如果鍋面若沒有保持筆直，形狀就會不均衡。在鍋面持平的狀態下，手要與身體保持平行敲叩握柄的基部，讓雞蛋不斷往近身側翻，逐步包捲起來。

只要加水改變雞蛋的凝固溫度，
煎起來就很簡單！

　　雞蛋是一種很複雜的食材，1 顆蛋中包含了蛋黃、液態蛋白和濃稠蛋白。加熱到 80℃ 左右就會完全凝固。為了煎出滑嫩又蓬鬆的蛋，要在蛋液裡加水。提高凝固溫度就會比較容易煎製，經過加熱讓水分膨脹，會使整體變得很鬆軟。講究味道的話就可以使用鮮奶油，沒有的話也可以改用牛奶或水也無妨。如果什麼都不加，一下子就會變得硬邦邦的。

　　此外，雞蛋加點鹽味道就很夠，所以調味要偏清淡。這裡的比例是以 3 顆蛋使用 0.5g 的鹽，也就是 1 撮的一半。還有，在歐姆蛋上撒胡椒的作法非常荒謬！因為胡椒的香氣會蓋過雞蛋的原味。

【材料】（1 人份）

雞蛋⋯⋯ 3 顆
鹽⋯⋯ 0.5g
鮮奶油（乳脂肪含量 38％）⋯⋯ 1 大匙
奶油⋯⋯ 10g

🍳 直徑 21 cm 的平底鍋

原味歐姆蛋的作法

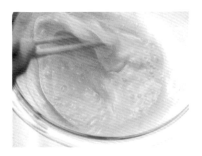

1　將雞蛋打散。

將雞蛋打入缽盆中，用長筷充分攪拌。

＊使用長筷是因為不希望打散蛋白繫帶。嚴禁使用打蛋器。蛋白繫帶一旦切斷，凝固力就會降低。

2　拌入調味料。

在1之中加入鮮奶油和鹽，進一步充分攪拌均勻完成蛋液。

＊如果沒有鮮奶油可改用鮮奶，再不然就加入等量的水。

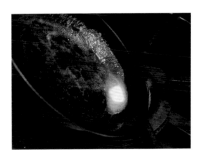

3　進行煎製。

將奶油放入平底鍋中，用中火加熱。建議使用較小（直徑約21cm）的平底鍋。

＊切勿將奶油放入燒熱的平底鍋中，會很容易燒焦。

4　倒入蛋液。

將2一口氣加入3之中。最好是趁奶油尚未完全融化，仍有些許塊狀殘留的狀態為佳。

5　由外往內攪拌。

用長筷從平底鍋的外側向內側畫圓攪拌。迅速地重複攪動幾次。

＊蛋液會從平底鍋的外側開始凝固。將快凝固處往中央攪入，使中間的蛋液往外側流。重複此動作溫和地均勻加熱。

6　呈半熟狀態後再煎底部。

待整體呈半熟狀之後，靜置不動加熱1～2秒。

＊在此步驟要製作用來包覆嫩炒蛋的「薄煎蛋皮」。無須慌張，如果覺得不太妙就將平底鍋從火源移開，冷靜地作業。

7　將蛋皮往外翻折。

將平底鍋傾斜，把蛋皮由近身側往外折起。先用長筷先剝下另一側的蛋皮。

8　敲叩握柄讓蛋皮往內捲起。

正確地握住平底鍋，讓鍋面維持筆直，然後敲叩握柄的基部讓蛋皮往近身側的方向翻起。

＊敲叩握柄的手腕必須與自己的身體平行。否則蛋皮會往另一側翻或是掉到鍋外。

9　捲繞一圈後即完成。

敲叩握柄數次讓蛋皮捲繞一圈，當接合處翻回上方即完成。

＊我年輕的時候是面向牆壁甩動平底鍋，一心一意地練習不讓鍋裡的東西飛出去撞到牆壁。

10 換手握持鍋柄來盛盤。

盛盤時換另一隻手握持鍋柄，倒扣平底
鍋，讓蛋皮的接合處朝下盛盤。

Bonne idée

我提到過，攪拌雞蛋時不可以
切斷蛋白繫帶。簡言之就是不
要使用打蛋器，請使用長筷。
如果使用打蛋器，切斷蛋白繫
帶使蛋液會變得稀薄，空氣也
會跑進去。會導致蛋液在作法
5時不易沾附長筷，奶油也難
以包覆蛋液。如此一來，不但
會因空氣膨脹而變成像是舒芙
蕾，外側的薄煎蛋皮變得像是
炸過一樣，紋路變得粗硬（照
片a）。裡面的嫩炒蛋也會水水
的，無法形成滑順的口感（照
片b）。

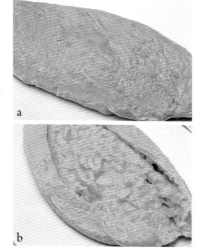

a

b

平底鍋的
正確握法

使用平底鍋時最重要的是，鍋面必須
與瓦斯爐完全平行。請仔細觀察。一
般在握住平底鍋的時候，鍋子會向左
傾斜；放鬆力氣的話，則會向右傾
斜。鍋子一旦傾斜，便難以靠翻動平
底鍋讓食材回到近身側，而像歐姆蛋
這種注重塑形的料理就會無法做出
漂亮的形狀。關鍵在於不要緊握住握
柄！是因為用力握緊才會傾斜。只需
用拇指和食指這2根手指確實握住鍋
柄，其餘3根手指只做支撐用。從食
指到小指的指尖要呈一直線，並盡量
排在握柄的中心線位置。這是基本的
握法。

1 —— 用大拇指和食指圍成一個圈，
握著平底鍋的鍋柄。兩指的交接處剛
好落在握柄的中心處。

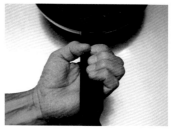

2 —— 將另外3根手指對齊食指，確
實固定住。5根手指的指尖恰好並排
握柄的中心線上。

利用隔水加熱法溫和地加熱，
味道和口感都會變得很柔和

嫩炒蛋
Œufs brouillés

　　嫩炒蛋的美味在於入口即化的滑順口感，以及雞蛋在口中擴散開來的美妙滋味和甜味。用平底鍋直接加熱是難以製作出這種口感的。雞蛋一旦加熱過度，就會立刻釋出水分而變硬。換句話說，一超過凝固溫度，蛋白質和水就會分離，美味在傾刻間就不復存在了。因此我用隔水加熱的方式，感覺像是在製作融合蛋液與奶油的醬汁般，溫和地加熱。

　　我隔水加熱的作法不是使用熱水，而是使用「蒸氣」。因為我不想讓蛋液直接受熱。直接加熱對食材無益，不但會難以調整，也很容易導致加熱不均。所以要用間接的方式漸漸地、溫和且平均地加熱整體直到內部。

【材料】（2人份）
雞蛋—— 2顆
奶油—— 10g
鹽—— 少量
鮮奶油（乳脂肪含量38％）—— 6～7㎖
法國麵包（依個人喜好）
　　—— 1.5㎝寬的切片2～3片

1　準備隔水加熱。

準備一個口徑與缽盆相同大小的鍋子，煮沸少量的熱水。

＊如果熱水太多，缽盆疊上去時熱水會接觸到底部，那就失去隔水加熱的意義了；如果熱水太少則會有乾燒的疑慮，所以請多加留意。

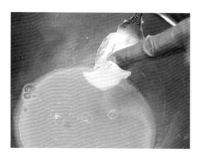

2　製作蛋液。

將雞蛋打入缽盆中，去除繫帶（白色塊狀）後用筷子攪打均勻，加入鹽和鮮奶油攪拌。再加入奶油。

＊滑順的口感是這道料理的靈魂，所以請去除繫帶。製作原味歐姆蛋（參照p.064）時不用去除也無妨。

3　以隔水加熱法加熱蛋液。

將2的缽盆疊在1的上面，用刮刀依序從外到內、再往底部慢慢地攪拌。重複這項作業。

＊蛋液會從缽盆的周圍開始凝固，所以快凝固時就要往內側拌入。也別忘了攪拌缽盆的底部。

4　拿起缽盆，繼續攪拌。

整體開始凝固之後，不時拿起隔水加熱的缽盆，將整體攪拌均勻。

＊因為是隔水加熱，所以不需慌張。從鍋子上拿起來攪拌均勻，即可完成均勻滑順的口感。

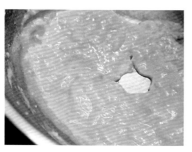

5　重複3和4即完成。

重複3和4的作業。整體加熱之後，如果刮過缽盆底部時蛋液會慢慢流回來就可以了。依個人喜好，也可以淋在法國麵包上享用。

Bonne idée

在打開蛋殼時也可以花點工夫，活用蛋殼作為展示。邊轉動雞蛋邊利用菜刀的刀根小心輕敲較上面的地方，敲一圈之後即可像蓋子一樣拿下蛋殼。取出蛋白跟蛋黃後，將蛋殼洗淨晾乾，就可以當做嫩炒蛋的容器。

水煮蛋
Œufs durs

　　我使用的雞蛋是L大型蛋。烹煮時間會隨著雞蛋大小而不同。例如，全熟水煮蛋的話，L大型蛋需要10分鐘左右、M中型蛋則需要9分鐘左右。但是要注意，煮太久的話蛋黃外圍會變成灰色。即使只是多煮2～3分鐘，或即使10分鐘準時從熱水撈起，但若沒冷卻的話也都會變色。而半熟蛋差30秒就會有天壤之別，所以沸騰後要立刻計時。請重複多做幾次，掌握住感覺。

1 —— 在稍微大一點、深一點的鍋子中，放入雞蛋和大約可蓋過雞蛋的水，用大火加熱。待升溫成熱水時，用長筷不時攪拌一下，輕柔地轉動雞蛋。

2 —— 煮到沸騰就按下計時器，並把火轉小。

3 —— 待欲煮成熟度的時間一到，立即將蛋撈出泡在冷水中，充分冷卻。

4 —— 輕輕敲出裂痕，將蛋殼連同薄膜一起剝除。

Point

* 將雞蛋恢復至室溫備用。如果有溫差就會容易破裂。
* 不需要加入鹽和醋。要是蛋殼破裂蛋白流出，也會立刻就凝固。
* 為了使蛋黃位於中心，直到沸騰前都要用長筷轉動雞蛋。雞蛋的凝固點是60～65℃，因此沸騰時蛋黃早已是凝固的狀態。
* 為了將蛋殼剝乾淨，煮好後要充分冷卻。

沸騰時關成小火之後的時間

3分半鐘：半熟蛋
（黏糊柔軟）

4分鐘：半熟蛋
（蛋黃周圍凝固且稍硬）

10分鐘：全熟蛋

水煮蛋 ▶ Déclinaison

雞蛋三明治

雞蛋三明治是一道令我想起母親的料理。這是不用芥末醬，而是改用日式芥末糊的家庭風味料理。奶油是防止水分滲入麵包的屏障，我個人喜歡塗上大量的奶油。

【材料】（2 人份）

全熟水煮蛋（去殼）—— 3 顆
三明治專用麵包—— 6 片
奶油—— 適量
日式芥末糊—— 適量
蛋黃醬（參照 p.190）—— 50g
荷蘭芹（碎末）—— 2g
鹽—— 少量（0.5g）

1 —— 將奶油、日式芥末糊塗在麵包上。依個人喜好撒上黑胡椒（分量外）。
2 —— 將水煮蛋放入缽盆中，用打蛋器壓碎（照片 a）。加入蛋黃醬、荷蘭芹與鹽混合攪拌。
3 —— 將 2 塗抹在 1 的上（照片 b）。將 6 片麵包保留外圍不塗，全部都塗抹均勻。將 2 片為 1 個組合疊起，輕輕按壓再切成喜歡的大小。

a

b

半熟蛋菠菜沙拉

這是法式料理的家常菜，不一定非要用菠菜製作不可，像是小松菜或紅葉萵苣等，改用味道比較濃郁的葉菜類蔬菜也很美味。長棍麵包的分量視個人喜好而定。但要是加了太多，就會變成主食了。

【材料】（2 人份）

半熟蛋（去殼）—— 2 顆
菠菜葉—— 65g
長棍麵包—— 適量
大蒜—— 1/2 瓣
培根（切細長條）—— 70g
橄欖油—— 1 大匙
紅酒醋—— 2 大匙
黑胡椒—— 少量
鹽（試試味道後）—— 少量

1 —— 將長棍麵包切成薄片之後充分烤過，再用大蒜的切面在兩面用力摩擦。
2 —— 將菠菜放入缽盆中，將 1 撕碎之後放入，再加入大略搗碎後的半熟蛋。
3 —— 在平底鍋中放入培根，用小火煎。煎至上色之後，加入黑胡椒和橄欖油（如果油脂很多的話，也可以不加），轉大火加熱。待發出噗滋噗滋聲後加入紅酒醋，煮沸後關火。趁熱倒在 2 的上面混拌。試試味道之後加鹽調味。

水波蛋
Œufs pochés

　　雞蛋是由中間的蛋黃以及其周圍的蛋白所構成，蛋白還可分成內側的濃稠蛋白和外側的液態蛋白。其中的濃稠蛋白如果沒有冷卻，打在熱水中時就會散開，無法順利成型。因此直到要製作之前，雞蛋都要放在冷藏室中。我喜歡的水波蛋，是在1分鐘內就撈起帶有黏稠感的成品；喜歡熟一點的人，煮3分鐘左右也沒關係。然而，水波蛋的魅力就在於切開後，蛋黃會流出來的柔嫩度；若想吃全熟的話建議改做水煮蛋。

1 —— 將水倒入鍋中，用大火加熱。加入鹽，可稍微鹹一點。火候保持在會冒出小氣泡的狀態。

4 —— 用有孔洞的湯勺撈起，立刻浸泡在水中。烹煮時間要略少於1分鐘。

2 —— 小將雞蛋打入小缽盆中，然後輕輕倒入1之中。

5 —— 用手輕輕拿起，以小刀切除周圍的蛋白，塑形。

3 —— 用橡皮刮刀輕輕刮下沾黏在鍋底的蛋液。待其成型後，便在熱水中上下翻面。

> **Point**
> ＊雞蛋要先放在冷藏室中冷卻備用。
> ＊熱水不要煮到滾滾沸騰，保持在冒出小氣泡的沸騰狀態。但是火候太小也不行。
> ＊鍋子深度最好深一點，這樣雞蛋倒進鍋中時比較不容易沾黏在鍋底。
> ＊準備有孔洞的湯勺。
> ＊以自己喜歡的柔嫩度為標準。
> ＊一次最多製作2個！不然時間差距會太久。

水波蛋 ▶ Déclinaison

麻芛冷湯佐水波蛋

在我的構想裡，這是連同麻芛的纖維以及雞蛋的蛋白質一起享用的「沙拉」。奶油少一點更能發揮其美妙滋味，在此作為汆燙油使用，以取代煎製的工序。這是中華料理的一種手法。

1 —— 在鍋中倒入雞骨湯，用大火加熱。沸騰之後放入奶油以及麻芛，汆燙一下。

2 —— 將1倒入果汁機中攪打，再用網篩過濾（照片a）進缽盆中。將缽盆底部墊著冰塊冰鎮（照片b）。

3 —— 將秋葵放在砧板上面摩擦（參照p.239），迅速汆燙後浸泡在冰水中。

4 —— 將2倒入容器中，放上水波蛋，再以縱切對半的秋葵裝飾。

【材料】（2人份）

水波蛋⋯⋯ 2個
麻芛（黃麻嫩葉）⋯⋯ 80g
雞骨湯⋯⋯ 400㎖
奶油⋯⋯ 20g
秋葵⋯⋯ 4根

香氣的調味料

白酒醋

葡萄酒醋是透過醋酸菌的作用使葡萄酒發酵所製作而成的醋。就像葡萄酒一樣,有白色和紅色之分。與日本的醋相較之下,以味道清爽且具有水果味,酸味強烈為其特徵。可以用米醋、穀物醋代替。

第戎芥末醬

遵造法國第戎地區的傳統配方製作而成的第戎芥末醬。因為是以白酒和白酒醋稀釋而成,所以特色是具有清爽的辣味和帶有水果般的酸味。在想要有柔和的香氣時使用。

番紅花

番紅花絕對是香氣調味料。雖然其顏色可以用薑黃等代替,但是沒有東西可以取代番紅花馥郁的芳香。因為稀少所以價格高昂,沒有的話不加也無妨。使用時請盡情地使用,但要是添加過量會使味道變苦,所以要適量使用。

巴沙米可醋

此為果實醋之一,原料是濃縮葡萄汁。原本是在木桶中熟成所製成。特色是顏色深邃,以及具有獨特的芳香和甜味。當希望擁有葡萄酒醋無法呈現的濃醇時,就可用巴沙米可醋。我總是將它煮乾至剩下1/3量,然後裝入醬料擠壓瓶中並放置在室溫。因為其甜味也會變得強烈,所以絕對很美味。

紅蔥頭

紅蔥頭在法式料理中經常作為香味蔬菜登場。鱗片與洋蔥相似,但更應該重視的是其香氣。它與洋蔥有顯著的差異,是不能被輕易取代的蔬菜。新鮮的紅蔥頭會從法國以及比利時等產地進口,近年來還可以買到冷凍紅蔥頭碎末(法國產)等方便的食材。

胡椒

胡椒首重其香氣,為一種辛香料。正因為我非常喜歡胡椒,所以想正確地使用它。因此,我不使用「鹽+胡椒」這樣的詞彙。特別是在煎製時,胡椒一經高溫加熱便會產生焦臭味;燉煮料理如果在一開始就加入胡椒,最後也會留下苦味。使用胡椒時,要考慮必要性和時間點。這本書中主要使用的是黑胡椒。基本上是粗磨,但是可以配合料理調整研磨的狀況。我希望大家購買的是胡椒粒,每次都是磨碎之後使用。胡椒和香水一樣,一旦接觸到空氣,香氣就會漸漸消失。在重新加熱後享用時、最後收尾時也可以追加胡椒。

普羅旺斯綜合香料

混合乾燥香草製作而成的綜合辛香料。蓄積著乾燥香草的風味,所以比新鮮的香草更濃郁,當我想增添香草風味時非常方便運用。配方因品牌而異,所以請選擇自己喜歡的產品。如果有自己喜歡的香草,自製原創的組合說不定也不錯。

Chapitre 3

人人都喜愛
餐酒館流洋食

西洋料理於日本明治初期傳入，日本人以獨特的感性將其加以昇華，這正是所謂的日本洋食。日本人為遠渡重洋的異國料理盡力竭心，這般靈巧和所花費的心思不禁令人肅然起敬！日本洋食就如我之前所認為的那樣——有朝一日日本人製作的正統法式料理將會席捲世界，而事實真的如我所料。遠在法式料理的發源地法國，日本主廚的奮發進取和感性獲得肯定、進而摘下米其林星星的時代來臨了。

本章介紹的是日本洋食。我懷著對前人們的敬意，把法式料理或自己獨創的方法運用在我最喜歡的日本洋食上。日本洋食不僅充滿懷舊感，而且有著爽口不膩的美味。其中的每道食譜都是我的自信之作，請務必嘗試看看。

漢堡排
Steak haché

　　在咬下去的瞬間，口中充滿了肉的香氣和大量的肉汁。裡面含有糊狀和顆粒狀的牛肉，兩者的存在感是其美味的重點；而醬汁是運用了酸味的成人口味。這就是我理想中的頂級漢堡排。祕訣在於牛絞肉要冷卻備用。即使牛肉再多也不怕難以成團，其導致的結果便是肉汁也不容易從中流出。煎製時，利用牛肉所釋出的油脂，而不另外倒油。可依個人喜好在牛絞肉中加入豬絞肉，但是比例不要超過30％。

【材料】(2人份)

牛絞肉……360g
洋蔥……1/2個（100g）
奶油……10g

A　｜鮮奶……1又1/3大匙
　　｜麵包粉……20g
　　｜雞蛋……1/2顆

鹽……3g
黑胡椒……少量（0.5g）

B　｜糖漬胡蘿蔔
　　｜　　（參照p.053）……適量
　　｜奶油香煎馬鈴薯
　　｜　　（參照p.062）……適量
　　｜水煮青花菜……適量

[醬汁]

紅酒醋……2小匙
醬油……1小匙
水……50㎖
番茄醬……1大匙
伍斯特醬……1小匙
第戎芥末醬……1小匙

🍳 直徑26㎝的平底鍋

1 —— 將洋蔥切成碎末。在平底鍋中加入洋蔥、奶油、水（分量外），用中小火煎炒直到出現甜味為止（參照p.237）。

2 —— 在調理盤中攤開1，靜置冷卻。放涼後放入冷藏室中。

3 —— 將A放入較小的缽盆中攪拌。

4 —— 將缽盆底部墊著冰塊，放入2/3量的牛絞肉，用橡皮刮刀壓散開來。加入鹽，迅速攪拌。

5 —— 加入3後繼續揉捏。為了避免牛絞肉變熱，以指尖迅速抓拌，而非用整隻手掌（手溫較高的人改用橡皮刮刀等器具混拌）。

6 —— 待牛絞肉的顆粒感消失，變成糊狀黏在缽盆底部時，加入剩餘的1/3量牛絞肉、黑胡椒與2，迅速攪拌。當牛絞肉呈現糊狀和顆粒狀相互摻雜的狀態即完成。

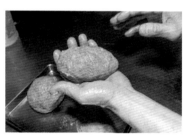

7 —— 將6分成2等分並排出空氣。用左手滾動肉團、右手在旁輔助。

8 —— 聚攏成橢圓形，盡可能塑形成薄平狀，接著按壓中心使其變得更薄。厚度的標準大約是2㎝。手溫較高的人可將肉團放在砧板上，利用刀子等器具塑形。

9 —— 在平底鍋中排放8，用中火煎。讓漢堡排在平底鍋上滑動，邊煎邊輕輕按壓正中間處，煎的時候常保漢堡排底下布滿油。煎2分鐘左右，當邊緣漸漸變白時翻面。

10 —— 煎另一面時也要保持漢堡排底下布滿油的狀態。流出的肉汁畫圓澆回漢堡排上。蓋上鍋蓋的話肉汁就會流出，所以直到最後都不蓋鍋蓋。

11 —— 用竹籤刺入漢堡排最厚的地方，若有透明的肉汁流出即煎製完成。取出漢堡排，捨棄油脂不用。

12 —— 製作醬汁。不需清洗11的平底鍋，用大火燒熱，倒入紅酒醋蒸散酸味。倒入醬油，待散發出香味時就倒入水，轉動平底鍋像清洗般混合整體。煮沸後將火轉小，倒入番茄醬和伍斯特醬，芥末醬融化後加入鍋中，待沸騰即可關火。
將B的配菜排放在盤中，放上漢堡排再佐上醬汁。

蛋包飯
Omelette au riz pilaf à la tomate

　　番茄醬炒過後的香氣正是蛋包飯的醍醐味。讓番茄醬遍布整體,「就像炒出焦色般」地加熱。為了讓食材與米飯能充分融合,將其切成一致的大小。結合番茄醬的香氣,做出清爽輕盈的口感。用紅酒醋製成的醬汁,滋味高雅爽口,使蛋包飯提升到更高級的層次。將雞肉飯放入直徑比平底鍋更小的深盤中,塑形之後再加入鍋中,盛盤時就能做出漂亮的形狀。

【材料】(2人份)

雞腿肉……1片(300g)
洋蔥……1個(200g)
磨菇……8朵(80g)
油……少量
米飯……320g
番茄醬……3大匙
醬油……1大匙
雞蛋……4顆
鹽……4g
奶油……50g

[醬汁]

紅酒醋……2小匙
番茄醬……1大匙
伍斯特醬……1小匙
醬油……1小匙
第戎芥末醬……1小匙
水……80㎖

🍳 直徑22㎝的平底鍋

1 —— 雞肉撒上1.5g的鹽，充分搓揉入味，靜置30分鐘左右。

2 —— 將洋蔥和蘑菇切成7～8㎜的丁狀。

3 —— 煎製雞肉。在平底鍋中倒入油，將雞肉的肉身朝下排放在鍋中，用小火輕煎。翻面讓皮面朝下，轉成中火，邊煎邊用湯匙將釋出的油脂澆回雞肉上。如果釋出的油脂過多，請適度捨棄。當皮面煎出令人食指大動的金黃色澤時即可關火。

4 —— 在清洗乾淨的平底鍋中加入10g的奶油、洋蔥與大約可蓋過食材的水（分量外），用中小火煎炒至出現甜味（參照p.237），就撒上0.5g的鹽。放入蘑菇繼續炒，再撒0.5g的鹽即可取出放入容器。

5 —— 將雞肉切成一半的厚度，然後再切成7～8㎜的丁狀。切的時候若皮面朝上的話刀子會偏移，所以將皮面朝下。

6 —— 在平底鍋中放入30g的奶油，然後加入4、5跟米飯。用大火將米飯炒至鬆散。整體混合後加入番茄醬，繼續拌炒。

7 —— 讓番茄醬就像炒出焦色般地炒出香氣。再以畫圓的方式將醬油沿著鍋緣倒入拌炒。撒上1.5g的鹽混合後，雞肉飯就完成了。
先將1/2量的雞肉飯盛入深盤之中塑形備用。

8 —— 將1人份的2顆雞蛋打入缽盆中打散。在平底鍋中放入5g的奶油，以中大火加熱，仔細地使奶油布滿整個鍋中，特別是遠身側的鍋緣。

9 —— 待奶油冒泡之後，按照製作原味歐姆蛋的要領（參照p.066）倒入蛋液。呈半熟狀後，將塑形好的7放在遠身側。再以近身側的蛋皮覆蓋，包覆住雞肉飯，然後立起平底鍋將蛋包飯倒扣在盤子上。依照相同的方法再製作另外一份。

10 —— 製作醬汁。在小鍋中倒入紅酒醋，用中火加熱。煮沸讓酸味蒸散後，加入剩餘的材料充分攪拌、融合。澆淋在9的上面。

雞肉飯

番茄醬的香氣是這道料理成功的祕訣。將作為主角的雞肉，整片煎出令人食指大動的金黃色澤後再切成丁狀。將其他的食材也切成相同的大小，就能與米飯混合得很均勻。加入番茄醬後要用「炒出焦色」的感覺去製作，待番茄醬的紅色均勻分布時即完成。

歐風牛肉咖哩
Curry de bœuf à l'européenne

　　多虧了蔬菜讓這道料理能從咖哩粉的風味中品嘗到甜味。煎炸過的大量蔬菜使咖哩的味道變得溫和，其味道的關鍵在於炒洋蔥。炒到呈褐色、軟爛狀的洋蔥，充滿了濃厚的甜味和鮮味。因為炒洋蔥將成為味道的基底，所以請耐心地炒。包裹食材的咖哩醬汁不會太過稀薄，濃稠度恰到好處。

【材料】（4人份）

洋蔥……3個（600g）

奶油……30g

牛腿肉……360g

番茄……2個（200g）

馬鈴薯……2小個（240g）

胡蘿蔔……1根（160g）

蘑菇……8朵（80g）

咖哩粉……2大匙

高筋麵粉……1大匙

雞骨湯……1ℓ

蘆筍……4大根（180g）

鹽……24g

油……75ℓ

🥘 內徑21cm × 深9cm的鍋子

🍳 直徑26cm的平底鍋

1 —— 準備煎炒洋蔥。將1又1/2個洋蔥沿著纖維切成薄片，放入鍋中，再加入奶油以及100ℓ的水（分量外），用大火加熱。待水分收乾後轉為中火，輕刮鍋底攪拌翻炒。再補入水分（分量外）不斷重複攪拌翻炒。炒50分鐘左右，直到呈現第3張照片般褐色且軟爛的狀態即完成。

2 —— 將牛肉切成容易入口的大小，撒上3g的鹽，充分揉捏入味。番茄去皮（參照p.238）後切成一口大小。

3 —— 馬鈴薯帶皮切成一口大小，胡蘿蔔切成一口大小的滾刀塊。剩下1又1/2個的洋蔥切成月牙狀，再把蘑菇切對半。

4 —— 將咖哩粉放入鍋中，邊炒邊攪拌整體直到散發出香氣為止。放入麵粉繼續煎炒直到出現黏性，會沾黏在鍋底時，倒入100ℓ左右的雞骨湯，充分攪拌使其融合。將此作業重複2～3次，直到全部的雞骨湯都倒入後，放入番茄轉小火煮。

5 —— 在平底鍋中倒入1/2小匙的油與2的牛肉，用大火煎。確實煎出令人食指大動的金黃色澤時，就放入鍋中煮20分鐘左右。

6 —— 在平底鍋中放入70ℓ的油燒熱，放入馬鈴薯，用大火煎炸。待整體上色後，放入3的其餘蔬菜。

7 —— 待洋蔥呈透明狀且出現甜味時，撒上20g的鹽拌勻，然後以網篩瀝乾油分。若放置得太久，就會流失掉蔬菜釋出的美味汁液，所以要在10～20秒內放入鍋子中，再煮20分鐘左右。

8 —— 在蘆筍完成前置作業（參照p.238）後，切成滾刀塊。在平底鍋中放入1/2小匙的油與蘆筍拌炒，撒上1g的鹽。加入鍋子中，攪拌一下就完成了。將米飯（分量外）與咖哩盛盤。

香料飯
Pilaf

　　此料理有充分吸收了蔬菜和火腿鮮味的米飯，與切成相同細緻大小的食材，能品嘗到融為一體的風味。這就是我自創的餐酒館風香料飯。在法式料理中，香料飯原本是一種配菜。剛煮好的香料飯，因為黏糊糊的而變成義式燉飯風，但僅限於法式料理才會有此口感。如果在冷卻之後用微波爐重新加熱，就會鬆散開來，但還是很美味。可冷凍保存，也能多做一點保存起來備用。

【材料】（2～3人份）

洋蔥……1小個（150g）

蘑菇……8朵（80g）

胡蘿蔔……1/2根（80g）

紅甜椒……1個（130g）

火腿……100g

米……250g

雞骨湯……375㎖

青豆（冷凍）……50g

奶油……85g

🍳 內徑21㎝的附蓋淺鍋

1 —— 將青豆之外的蔬菜與火腿切成碎末，大小約與米粒相同。也要將青豆解凍。

2 —— 在淺鍋中放入80g的奶油與洋蔥，用中火迅速拌炒。待奶油完全融化轉小火，千萬不可炒到燒焦，因此要繼續攪拌。

3 —— 開始滾滾冒泡時放入蘑菇一起炒。放入時會瞬間收乾水分，不久後又會再釋放出水分。慢慢散發出的香氣就是釋出鮮味的證據。

4 —— 香氣四溢之後放入胡蘿蔔一起炒。就像蘑菇一樣，水分會在短時間內收乾又釋出少許。稍拌一下待手感變得有點沉重後，放入火腿一起炒。

5 —— 火腿與整體混合均勻之後，放入米。轉為極小火，邊炒邊讓米粒吸收鮮味。

6 —— 米粒呈透明狀後，倒入雞骨湯，轉為大火再稍拌一下。

7 —— 當煮沸後蓋上鍋蓋，轉為極小火。用裝滿水的鍋子等當做重石，繼續加熱。

8 —— 加熱10分鐘之後，取下鍋蓋，用木鏟由外往內大幅地攪拌整體。將表面整平後再次蓋上鍋蓋、壓上重石。繼續加熱15分鐘。完成時，鍋底是稍微煎焦的狀態。

9 —— 在另外的平底鍋中放入5g的奶油與紅甜椒，用大火加熱。收乾後迅速炒出香氣。加入8之中，也放入青豆，從底部往上翻攪均勻。

焗烤海鮮通心麵
Macaroni au gratin de fruits de mer

　　說到焗烤，大家都會想到濃厚的醬汁吧。但是我也想突顯出海鮮豐厚的鮮味、通心麵的口感與烤乳酪的香氣，這些各式各樣的美味。因此，將醬汁調整成清爽的濃稠度。如果將雞骨湯和鮮奶混合製作成天鵝絨醬，在奶油般的濃醇中也可以享用到清新的味道。醬汁一經烘烤就會變硬，所以要做得更加稀薄一點。

【材料】（2 人份）

＊長27cm×寬16cm×
　深4cm的焗烤盤

洋蔥……1小個（150g）
蘑菇……8朵（80g）
烏賊……70g
帆立貝……100g
小蝦……70g
　　｜高筋麵粉……2小匙
A　｜鹽……0.5g
橄欖油……1大匙
鹽……1g
通心麵……150g
菠菜葉……70g
帕瑪森乳酪（磨碎）……25g
奶油……25g

[奶油麵糊]
奶油……20g
高筋麵粉……20g

雞骨湯……200ml
鮮奶……200ml

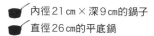

　內徑21cm×深9cm的鍋子
　直徑26cm的平底鍋

1 —— 洋蔥切成薄片，蘑菇切成8等分。在烏賊的皮面淺淺地切入格子狀刀痕，接著切成2cm的丁狀。將帆立貝切成一半的厚度，再切成1.5cm的丁狀。

2 —— 將海鮮放入缽盆中，加入A抓拌。倒入橄欖油後繼續抓拌。接著放入加有少量鹽（分量外）的滾水中，再次煮沸後用網篩瀝乾水分。此前置作業可以讓食材有Q彈的口感。

3 —— 將通心麵放入加有適量鹽（分量外）的滾水中，依照通心麵的指示時間烹煮，再用網篩瀝乾熱水。

4 —— 製作奶油麵糊。將奶油放入鍋子中，用小火加熱，加入麵粉拌炒（參照p.236）。將雞骨湯倒入奶油麵糊中，轉中火後用打蛋器充分攪拌溶勻。加入鮮奶，改用木鏟從鍋底不斷往上翻拌。翻拌2～3分鐘，直至表面出現光澤、變得滑順為止。

5 —— 在平底鍋中放入洋蔥與10g的奶油，用中小火炒至出現甜味，接著加入鍋子中。放鹽後攪拌。在平底鍋中放入蘑菇與10g的奶油，用大火炒至散發出香氣之後，與3一起加入鍋子中攪拌均勻。

6 —— 在平底鍋中放入5g的奶油，用中火加熱，要來製作榛果奶油（參照p.236），接著放入菠菜用大火炒，直到差不多呈現半熟的狀態，倒入網篩中瀝乾水分。

7 —— 將6加入鍋子中攪拌均勻，與整體融為一體。再加入2攪拌。

8 —— 將7盛入焗烤盤中，均勻地撒上帕瑪森乳酪直到盤緣為止。以180℃的烤箱將表面烘烤出金黃色澤。

高麗菜卷
Chou farci

　　因為絞肉很快就會煮熟，所以看似是短時間內就能煮好的料理，但是充分地燉煮才是製作出美味高麗菜卷的祕訣。透過充分的燉煮，高麗菜吸收肉的鮮味後變得更加美味。而隨著燉煮的時間拉長，肉釋出在煮汁中的鮮味會重新回到肉中。因此，肉質會變得濕潤鬆軟。此外，選用的鍋子尺寸大小，要能讓高麗菜卷毫無空隙地緊密填滿其中。若填得不夠緊密高麗菜卷就會變鬆，甚至導致散開。因為烹煮時毫無空隙，所以放心地把高麗菜卷緊緊塞滿到如擠沙丁魚般的程度就沒問題了。

【材料】（10個份）

高麗菜……1顆（400g）

綜合絞肉[牛肉7：豬肉3]……400g

胡蘿蔔……1/2小根（60g）

洋蔥……1個（200g）

西洋芹……1/2根（60g）

奶油……40g

A | 番茄醬……1大匙
　 | 鹽……3g
　 | 黑胡椒……適量

雞骨湯……300㎖

🍳 直徑26㎝的平底鍋

🍲 內徑21㎝×深9㎝的鍋子

1 —— 將胡蘿蔔、洋蔥、西洋芹切成碎末。在平底鍋中用中火加熱奶油，待開始融化後放入切成碎末的蔬菜，邊炒邊攪拌以免燒焦。水分收乾並散發出甜香之後，將蔬菜攤平在調理盤中放涼。

2 —— 寬寬地挖除高麗菜芯。在另外的大鍋中煮沸大量的熱水，加入鹽（分量外，熱水1%的量）以烹煮高麗菜。為了防止包捲時葉子會破裂，要煮軟一點。待外側的葉子自然地剝落下來後，從鍋中取出，放入已盛有水的較大缽盆中浸泡。

3 —— 削除大片葉子的芯。將芯切成碎末，用於肉餡。即使葉子再小也能利用，因此保留備用。

4 —— 將缽盆的底部墊著冰塊，放入絞肉攪拌至呈糊狀、沾黏在缽盆底部。加入1、切成碎末的高麗菜芯與A，充分攪拌均勻。分成10等分，握成圓柱形。

5 —— 攤開高麗菜，將4包捲起來。首先，從近身側往前捲一圈，將單側（右）摺起後捲到最後，然後用手指將另一側（左）塞進去。重點是最初的第一圈要勒緊。先用小葉子包住之後再用大葉子包捲，會比較容易捲起來。此外，破損的葉子要用另一片葉子覆蓋。

6 —— 在鍋子中將5緊緊地填滿。選用的鍋子尺寸大小，要剛好可以夠高麗菜卷毫無空隙地填滿，塞得緊緊的可以防止高麗菜卷散開。倒入雞骨湯，用大火加熱。煮沸後轉為小火，蓋上落蓋煮2小時。過程中若煮汁變少就補加水，直到蓋過高麗菜卷。

燉煮漢堡排
Steak haché en ragoût

　　將紅酒醋、紅酒與醬油這些煮汁的水分煮乾後，會呈現出閃閃發亮的光澤。這種狀態稱為「Miroir（法文「鏡子」之意）」。藉由將水分煮乾至變成這種發亮的鏡面狀，可以濃縮鮮味和風味，成為滋味豐富的煮汁基底。漢堡排的絞肉是混合牛肉和豬肉的綜合絞肉，但是當然也可以使用100%的牛肉製作！酸味深邃的煮汁、漢堡排，和配菜的甜芒果之組合就是我充滿自信的作品。再加上可以享受口感變化的蓮藕，一道大人口味的佳餚就完成了。

【材料】（2 人份）

[漢堡排]

綜合絞肉[牛肉7：豬肉3]……360g
洋蔥……1/2個（100g）
奶油……10g
A ┌ 鮮奶……1又1/3大匙
　│ 麵包粉……20g
　└ 雞蛋……1/2顆
鹽……3g
黑胡椒…少量（0.5g）

[煮汁]

紅酒醋……50mℓ
紅酒……300mℓ
醬油……1小匙
雞骨湯……200mℓ
奶油……20g
黑胡椒……適量

[配菜]

蓮藕……130g
芒果……2顆（400g）
奶油……5g
油……2小匙
鹽……適量
紅椒粉…適量
B ┌ 黑胡椒……適量
　└ 荷蘭芹（碎末）……適量

🍳 直徑26 cm的平底鍋

1 —— 蓮藕去皮之後泡一下水，縱切成4等分後切成較小的滾刀塊。芒果去皮之後切成縱長的月牙狀。

2 —— 製作漢堡排的肉團，分成6等分後塑形，放入平底鍋中煎製（參照p.077的1～11）。

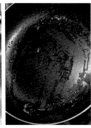

3 —— 從2中取出漢堡排。捨棄平底鍋中多餘的油脂，但是保留黏在鍋底的鮮味成分。

4 —— 將平底鍋用大火燒熱後倒入紅酒醋，邊讓酸味蒸散、邊像清洗整個鍋子般轉動平底鍋。倒入紅酒與醬油煮乾水分，轉動平底鍋以免燒焦。

5 —— 當煮汁變稠至可以看到鍋底，並且開始出現光澤時，倒入雞骨湯。接著立刻加入漢堡排，邊用中火煮邊以畫圓的方式澆淋煮汁。

6 —— 在另一個平底鍋中放入20g的奶油，用大火加熱，製作榛果奶油（參照p.236）。

7 —— 將6一口氣倒入5之中，使之乳化。若倒太慢會容易油水分離，請多加注意。不時將漢堡排翻面，邊煮邊以畫圓的方式澆淋醬汁。水分減少後將火候轉小，煮乾水分直到變成自己喜歡的濃稠度，再撒上黑胡椒。

8 —— 製作配菜。在平底鍋中放入1小匙的油與蓮藕，用大火炒，再撒上少量的鹽。轉為中火，當整體上色後加入奶油，待沾裹均勻就撒上紅椒粉。
在清洗乾淨的平底鍋中放入1小匙的油與芒果，用大火煎製。因為芒果很容易燒焦，因此煎製的時候要不斷地搖晃平底鍋。煎至上色後，撒上少許鹽和B。

9 —— 將8與7的漢堡排一起盛盤。

蛤蜊巧達湯
Soupe de palourdes (Clam chowder)

　　這是一道源自美國東海岸的湯品。以鮮奶為基底做成奶香濃郁的蛤蜊巧達湯是新英格蘭風格，而做成番茄風味的則稱為曼哈頓風格。充分引出培根的香氣和洋蔥的甜味，並且使用馬鈴薯增添濃稠度。會將馬鈴薯煮散以作為增稠劑，因此選用男爵馬鈴薯。這道料理的重點是要在短時間內完成。海瓜子肉一煮熟就會變硬，所以一加進煮汁中就須關火完成此料理。

【材料】（3～4人份）
海瓜子（帶殼）……800g
水……100㎖
　培根……30g
　洋蔥……1個（200g）
A　西洋芹……1小根（70g）
　馬鈴薯（男爵）……2個（200g）
奶油……30g
雞骨湯……800㎖
鮮奶……40㎖
鮮奶油（乳脂肪含量38%）……40㎖
義大利荷蘭芹（碎末）……適量
黑胡椒……適量
蘇打餅乾……適量

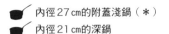

　　內徑27cm的附蓋淺鍋（＊）
　　內徑21cm的深鍋
＊又寬又淺，選擇約可讓海瓜子重疊2層，且上部還有空間的鍋子。

1 —— 將海瓜子放入食鹽濃度3%的鹽水（分量外）中，放置在陰暗安靜的地方吐沙。

2 —— 將A切成1cm的丁狀。

3 —— 用大火將淺鍋燒熱，放入海瓜子之後倒入水，立刻蓋上鍋蓋燜煮，偶爾打開鍋蓋攪拌。待約過了2分鐘，當海瓜子開始打開時，在鍋子旁邊放置好架著網篩的缽盆，取出已打開的海瓜子，只需稍微開口就可以了。將鍋中剩餘的蒸汁也倒入網篩中過濾。將海瓜子肉從殼中取出。使用分成兩半的貝殼或湯匙取出海瓜子肉。

4 —— 在深鍋中放入奶油與培根，用小火煎炒。當開始散發出香氣時，放入洋蔥迅速攪拌。加入西洋芹與大約蓋過食材的雞骨湯（炒洋蔥時水的作用請參照p.237）一起煮與拌炒。待水分收乾、洋蔥變軟，就放入馬鈴薯一起炒，然後倒入剩餘的雞骨湯，轉大火煮。在煮沸前要從鍋底往上攪拌，以免馬鈴薯沾黏在鍋底。

5 —— 當馬鈴薯變軟，並且變得有點黏稠時，將3的海瓜子蒸汁用廚房紙巾過濾後加入，用大火加熱。若出現浮沫就撈除。

6 —— 倒入鮮奶以及鮮奶油，攪拌一下。放入海瓜子肉就關火。放入海瓜子後就不要再煮。盛盤並撒上義大利荷蘭芹與黑胡椒，附上蘇打餅乾。

炸蝦
Crevettes panées à l'anglaise

　　如果想要吃到鮮甜的Q彈口感，蝦子的前置作業至關重要。蝦子要用麵粉抓拌清洗，徹底去除汙垢。由於尾部也會含水，請刮除乾淨。不要沾裹過多的麵衣。麵衣中的麵粉和蛋液，在充分沾裹之後去除多餘的部分，可使麵衣不易脫落。在蛋液中加水稀釋，也是為了防止沾裹太多。塔塔醬是正宗的作法，使用好幾種食材調製而成。層層相疊的酸味、鹹味與風味，創造出更高級的味道。

【材料】（10尾份）

無頭蝦（草蝦等）⋯⋯10尾
鹽⋯⋯適量
高筋麵粉⋯⋯適量
蛋液[1顆雞蛋和1大匙水]
麵包粉⋯⋯適量
油炸用油⋯⋯適量

[塔塔醬]

水煮蛋⋯⋯3顆
蛋黃醬（參照p.190）⋯⋯100g
紅蔥頭（碎末）⋯⋯20g
酸黃瓜（碎末）⋯⋯25g
義大利荷蘭芹（碎末）⋯⋯2g
酸豆（碎末）⋯⋯8g
鹽⋯⋯1g

檸檬（月牙狀）⋯⋯2片
喜好的葉菜類蔬菜（綜合香草等）
　⋯⋯適量

2 —— 將竹籤刺入蝦背，挑出腸泥。斜斜地切掉尾部，用刀子刮出所含有的水分。

3 —— 在腹側縱向切入淺淺的刀痕，以切斷筋。將腹部朝下，然後用指尖捏平使蝦子伸直。

5 —— 在蝦子上撒1g的鹽。裹滿麵粉再抖落多餘的。蝦尾則不要沾裹麵粉。

6 —— 握住蝦尾，迅速浸入蛋液就取出，利用缽盆的側面讓多餘的蛋液流下。用單手沾取蛋液即可。

7 —— 將蝦子整體裹滿麵包粉。用另一隻手轉動蝦子，確實沾裹再塑形。

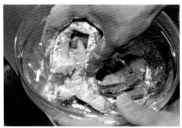

1 —— 蝦子去殼，留下蝦尾。放入缽盆中，撒上適量的鹽與麵粉抓揉，邊揉邊用流水清洗。完成後再重複1次。

4 —— 製作塔塔醬。以網篩過篩水煮蛋的蛋黃，蛋白則切成碎末。將材料全部混合在一起。

8 —— 將油炸用油加熱至170℃（標準是放入麵包粉時會立刻散開），然後握住蝦尾輕輕放入，從近身側倒向遠身側，將蝦子緩緩放入油鍋中。炸3分鐘左右，直到氣泡開始變小、呈現令人食指大動的金黃炸色為止，再確實瀝乾油分。盛盤後，附上塔塔醬、檸檬與葉菜類蔬菜。

奶油螃蟹可樂餅
Croquettes à la crème de crabe

　　這道料理的表面酥脆，內部的貝夏媚醬（Béchamel）滑順柔軟。螃蟹的風味自然不在話下，貝夏媚醬更是美味的關鍵。這個食譜是我多次嘗試之後的自信之作。做出漂亮形狀的重點，是將螃蟹罐頭的汁液加入貝夏媚醬之中，然後充分加熱以收乾水分。內餡要靜置在冷藏室中直到冷卻。確實裹滿麵衣以防止破裂開來。萬一沾裹麵衣時內餡變得太軟，請再次放入冷藏室中靜置。油炸用油要用稍高的溫度一口氣使可樂餅的表面變硬。油炸的鐵則是油量要多，放入可樂餅之後就不要再碰觸它了！

【材料】（16 個份）

螃蟹罐頭……2罐（1罐110g）
蛋黃……1個份

[奶油麵糊]

奶油……50g
高筋麵粉……50g

鮮奶……320㎖
螃蟹罐頭汁液……（2罐份）130㎖
＊鮮奶和螃蟹罐頭汁液共計450㎖
高筋麵粉……適量
蛋液……適量
麵包粉……適量
油炸用油……適量

🍳 內徑21cm × 深7cm的鍋子

1 —— 將螃蟹罐頭的蟹肉和汁液分開備用。

2 —— 製作奶油麵糊。將奶油放入鍋子中，用小火加熱，加入麵粉拌炒（參照p.236）。將鮮奶分次少量倒入奶油麵糊中，用木鏟迅速攪拌，製作成貝夏媚醬。將鮮奶全部倒入混合後，再將螃蟹罐頭汁液分次少量倒入並充分攪拌均勻，直至變得滑順濃稠。

3 —— 關火，加入蛋黃攪拌。再加入蟹肉，攪拌均勻。

4 —— 將3倒入調理盤中並攤平。放涼後覆蓋保鮮膜，放入冷藏室中靜置1小時30分鐘以上。因為在溫熱的狀態下不易聚攏成團，所以要充分冷卻。

5 —— 將4分成16等分。在手上抹油（分量外），然後以輕輕拋接的方式排出空氣，塑形成圓柱形。將其放入麵粉中確實沾裹，再抖落多餘的麵粉並加以塑形。

6 —— 迅速沾取並滴落多餘的蛋液，再將其整體裹滿麵包粉。因為麵衣會變得容易脫落，所以手不要直接去碰觸內餡，而是放在麵包粉上面沾裹。如果麵衣沒有裹得天衣無縫，在油炸時恐怕會破裂。

7 —— 接著將油炸用油加熱至175～180℃，緩緩放入6。如果因為太軟而不易拿取，可以手于網勺上再放入油鍋中。一次炸2～3個，約炸40～50秒，直到呈現令人垂涎欲滴的金黃炸色。如果油溫太低，麵衣可能會脫落而破裂。可樂餅放入鍋中後油溫會下降，因此要將火開大一點，保持在175～180℃。

馬鈴薯可樂餅
Croquettes

　　我對馬鈴薯的喜愛始於可樂餅。那是在放學回家的路上，向肉鋪買來吃的可樂餅。而現在還會做來吃的，則是有大量絞肉的那種可樂餅。重點是不要讓馬鈴薯吃起來濕黏。為此，要將馬鈴薯帶皮烹煮。只要馬鈴薯的重量符合，品種則無論是五月皇后還是男爵都無所謂。醬汁方面，附上的是帶有濃縮感的番茄糊紅醬，不過依照自己喜好使用也無妨。

【材料】（8個份）

馬鈴薯……500g
牛絞肉……200g
洋蔥……120g
鹽……4g
奶油……10g
高筋麵粉……適量
蛋液……適量
麵包粉……適量
油炸用油……適量
番茄糊紅醬（參照p.198）
　　……適量

直徑26㎝的平底鍋

1 —— 將洋蔥切成碎末。在平底鍋中放入洋蔥、奶油與水（分量外），用中火炒至出現甜味（參照p.237）為止。加入絞肉，用湯匙背面等器具壓散的同時，煎炒至鬆散狀，焦色稍微深一點也無妨。撒上2g的鹽攪拌，再倒入網篩中瀝乾油分。

2 —— 將馬鈴薯用水煮過後去皮（參照p.237）。放入缽盆中，以木鏟大略搗碎，加入2g的鹽攪拌。搗碎的程度依照個人喜好即可。加入1，大幅度地翻拌整體。

3 —— 將2分成8等分，塑形成橢圓形。放在冷藏室中靜置至少30分鐘。

4 —— 將3裹滿麵粉之後，抖落多餘的麵粉。迅速地沾取蛋液，將整體裹滿麵包粉。

5 —— 將油炸用油加熱至160℃（標準是麵衣滴落時會沉到底部再慢慢浮上來）後放入4。放入之後，將火稍微轉大，約1分鐘後再轉回原本的火候。炸7～8分鐘，過程中翻面，直到呈現令人垂涎欲滴的金黃炸色，再瀝乾油分。盛盤並附上番茄糊紅醬。

馬鈴薯沙拉
Salade de pommes de terre

　　這道料理說得極端些，甚至只用馬鈴薯製作也可以，是道能好好享用馬鈴薯的沙拉。馬鈴薯可以切成大塊，也可以做成泥狀，理想的成品應具有不落窠臼的獨創趣味。其他蔬菜的作用就類似於令人不會吃膩的裝飾品。不過，沙拉要是有水分的話就不好吃了，所以一定要將蔬菜的水分徹底瀝乾。日式芥末糊的味道稍微強烈一點，要預先與蛋黃醬混合讓調味均勻。

【材料】（4～5人份）

馬鈴薯（十勝小金等）⋯⋯600g

胡蘿蔔⋯⋯150g

西洋芹⋯⋯100g

小黃瓜⋯⋯100g

洋蔥⋯⋯120g

鹽⋯⋯7g

A｜蛋黃醬（參照p.190）⋯⋯130g
　｜日式芥末糊⋯⋯30g

1 —— 胡蘿蔔切成較薄的半月形，西洋芹切薄片，小黃瓜削成條紋狀之後再切成較薄的圓片，洋蔥切成薄片。

2 —— 在鍋中倒入水（分量外），用大火加熱，煮沸後加入胡蘿蔔，稍過片刻就加入西洋芹一起煮。待胡蘿蔔沒有草腥味後，倒入網篩中瀝乾水分並放涼。

3 —— 將小黃瓜、洋蔥分別以1g的鹽抓拌（參照p.239）。

4 —— 將馬鈴薯用水煮過之後去皮（參照p.237）。放入鉢盆中大略搗碎，趁熱加入5g的鹽混拌。

5 —— 在小鉢盆中將A加在一起攪拌。

6 —— 將5加入4中混拌（照片a）。加入2混拌。放涼之後，加入3混拌（照片b）。

Déclinaison

粉吹芋

　　將用水煮過的馬鈴薯去皮之後放回鍋中。用木鏟分切成2～4等分，用大火加熱，前後晃動鍋子使水分蒸發。不蓋上鍋蓋也沒關係。加鹽調味即完成。

Chapitre 4

餐酒館流
基本的法式料理

慢慢萃取洋蔥的甜味，煮出滋味深邃的湯品。當然還有美味的炙烤牛排搭配炸得酥脆的馬鈴薯。在飄散著奶油香氣的法式嫩煎魚料理，用力擠上檸檬汁……Voilà（瞧）！怎麼樣？看起來很好吃吧。如此簡單的一道道料理都是具有價值的法式料理，在時代洪流中屹立不搖，我相信它們是不會過時的料理。本章要向大家介紹的全都是正統的料理，在20多歲時因嚮往法式料理而遠渡法國，這些食譜是向我當時所遇到的美味與難忘的味道致敬。是我重新審視各自的味道後，以自己的方式予以昇華的食譜。還會教大家每項工序的調理訣竅和變化款料理。

焗烤起司洋蔥湯
Soupe à l'oignon gratinée

這道湯品的美味全都來自於慢炒洋蔥的甜味和鮮味。總之就是把洋蔥炒到變成深褐色為止。不過，要注意的是洋蔥的水分含量，如果是新洋蔥就含有大量的水分；與之相較之下，儲藏的洋蔥則水分較少。在烹調的前半段加水是為了使洋蔥受熱均勻，後半段加水則是為了使洋蔥釋出鮮味和防止產生燒焦。添加的水量請配合所使用的洋蔥，仔細確認後加以調整。最後收尾時要用高溫一口氣烤出金黃焦色。如果加熱過度的話湯就會沸騰，所以要在短時間內烘烤完成。

【材料】(4人份)

洋蔥……4個（800g）
奶油……60g
水……740～760ml
雞骨湯……1ℓ
長棍麵包（薄片）……8～12片
格魯耶爾乳酪（磨細碎）
　　……70g

🍳 內徑21cm×深12cm的鍋子

1 —— 將洋蔥縱切對半，沿著纖維切成非常薄的薄片。

2 —— 將奶油放入鍋子中，用大火加熱，然後立刻加入1和400ml的水，用木鏟攪拌。若鍋子中還有水的的話，就不需神經緊張地攪拌。只有黏在鍋壁的洋蔥容易燒焦，因此要刮落至有水分處攪拌。再改用中火炒。

3 —— 12～13分鐘後當水分漸漸減少時，再倒入200ml的水繼續炒。到此為止，這些水都是用來均勻炒熟洋蔥。

4 —— 炒20～30分鐘後，洋蔥會開始淺淺地上色。當處於這樣的階段時請守在鍋子旁，不斷地從鍋底往上翻拌。待鍋壁的洋蔥出現焦色時，邊炒邊將鍋底的洋蔥刮下。

5 —— 再炒約20分鐘，大部分的洋蔥開始變成褐色。沿著鍋壁倒入20ml的水，邊炒邊拌，將此步驟重複7～8次。自此後所加的水是為了使鍋壁的焦色，也就是鮮味的元素回到洋蔥裡面，以及用於防止燒焦。要是水分太多，鍋壁就不會產生焦色，所以要少量多次地加入。繼續炒20分鐘左右，變成如中間欄下方照片中的深褐色時，就是炒好了。

6 —— 倒入雞骨湯攪拌，不用燉煮也可以。調整成自己想要的濃稠度後試試味道。因為稍後會添加鹹味較重的乳酪，所以在此的調味可以稍淡一點。

7 —— 將6倒入容器中，將長棍麵包切成薄片、稍微烤過後，每碗取2～3片蓋在洋蔥湯表面，再鋪上大量的格魯耶爾乳酪。以溫度較高的烤箱或小烤箱烘烤，在短時間內烤出顏色比較深的金黃焦色。

諾曼第蔬菜湯
Soupe normande

　　Normande是「諾曼第風味」的意思，是一個用來形容該地區料理的詞彙。這道湯品是有大量蔬菜食材的類型。將好幾種蔬菜依照煮熟的先後順序加入鍋中燉煮，引出蔬菜的風味，製作出深邃的味道。如果冷藏室中有剩餘的蔬菜，不需受限於這個食譜，把它們切碎之後加入鍋中也沒關係。

【材料】（4～5人份）

四季豆……15根（100g）

A
｜馬鈴薯……1小個（120g）
｜洋蔥……1/4個（50g）
｜韭蔥……1/3根（50g）
｜胡蘿蔔……1小根（100g）
｜西洋芹……1/3根（40g）
｜高麗菜……1/6顆（150g）

培根……50g

雞骨湯……2ℓ

荷蘭芹（碎末）……適量

黑胡椒……適量

🍳 內徑24㎝的深型平底鍋

2 —— 在平底鍋中放入培根，用中小火炒。待釋出油脂且散發出香氣之後，放入洋蔥與韭蔥，炒3～4分鐘。在此步驟充分炒過可以釋出濃醇的味道。

4 —— 蔬菜煮到軟爛之後，放入瀝乾水分的馬鈴薯，再煮10分鐘左右。要將馬鈴薯當做增稠劑，因此要煮到潰散。如果水分煮得太乾，就要再補加水（分量外）。

1 —— 四季豆切成1㎝長。將A與培根全部切成1㎝的丁狀或方形。將馬鈴薯泡水。

3 —— 加入胡蘿蔔與西洋芹迅速攪拌一下。加入四季豆、高麗菜與雞骨湯，改用大火加熱。煮沸後轉為中火，煮20分鐘左右。

5 —— 放入荷蘭芹攪拌一下，然後撒上黑胡椒。

諾曼第蔬菜湯 ▶ Déclinaison

義式蔬菜湯義大利麵

義大利蔬菜湯（Minestrone）是名聞遐邇的料理。許多食譜中都會添加番茄，但是因為Minestrone這個名詞表達的是「食材很多」、「摻雜各種東西」等意思，並沒有嚴格的規定，所以也可以依照個人的喜好添加義大利麵。義大利麵是在蔬菜湯裡煮熟的，所以鮮味十足。

【材料】（2～3人份）

諾曼第蔬菜湯……1ℓ

義大利細麵……30g

番茄……2個（200g）

帕瑪森乳酪（磨碎）……適量

1 —— 將義大利細麵折成2㎝長。番茄去皮（參照p.238）後，切成1㎝的丁狀。

2 —— 將諾曼第蔬菜湯倒入鍋中，用中火加熱，煮沸後放入義大利細麵。煮5分鐘左右，麵變軟後放入番茄，煮沸即可關火。盛入容器中，撒上帕瑪森乳酪。

普羅旺斯燉菜
Ratatouille

　　我將普羅旺斯燉菜稱為「蔬菜果醬」。番茄、紅甜椒、茄子、櫛瓜或洋蔥……，請品嚐綜合多種蔬菜的美味，這是無法單用一種蔬菜煮出的味道。原本要煮成糊狀會比較美味，但是這樣的外觀會不美觀，而且蔬菜會釋出許多汁液。我採用的方法是煮到一定程度後，會將蔬菜和煮汁分開，待煮汁收乾水分後再把蔬菜放回。只要確實將煮汁煮乾水分不僅味道會變得濃郁，水分和油乳化後，也比較容易沾裹在蔬菜上面，口感也變得滑順。放涼後靜置一晚會變得更加美味。待蔬菜充分釋出果膠，應該會凝固成一大塊喔。

【材料】(4～5人份)
番茄……2個（200g）
紅甜椒……1大個（200g）
茄子……2根（200g）
櫛瓜……2根（200g）
＊綠色和黃色各1根。
　（沒有2種顏色亦可）
洋蔥……1個（200g）
青椒……4個（100g）
大蒜……2瓣（20g）
橄欖油……1又2/3大匙
鹽……適量

內徑24cm的深型平底鍋

1 ── 將番茄以及紅甜椒火烤之後去皮（參照p.238），將茄子外皮削成條紋狀（參照p.239）。將全部的蔬菜切成1cm的丁狀。大蒜切成碎末。

2 ── 將茄子以及櫛瓜分別放入缽盆中，撒鹽抓拌後靜置5分鐘左右。待釋出水分就移入網篩中瀝乾水分。

3 ── 在平底鍋中加入1大匙的橄欖油、洋蔥與大蒜，用大火炒。待洋蔥變軟就放入茄子一起炒，讓其吸收油分。依序加入櫛瓜、番茄與紅甜椒，混合拌炒。雖然會慢慢釋出水分，但是要用大火煮到沸騰。但不要過度混拌。

4 ── 在平底鍋中加入2/3大匙的橄欖油與青椒，迅速拌炒。加入3之中一起煮。

5 ── 待青椒變色就倒入網篩中瀝乾煮汁。青椒要是加熱過度會變苦。

6 ── 只將5的煮汁倒回平底鍋中，用大火煮乾水分。試試味道後加入2g的鹽。煮汁收乾的濃稠度標準為，用手劃過攪拌的湯匙背面會留下紋路。

7 ── 將5的蔬菜放回6之中，整體攪拌均勻就完成了。

半熟蛋普羅旺斯燉菜

　　生雞蛋比較好吃。即使蛋沒有變白凝固，用烤箱烘烤過後也會變得溫熱，因此要攪拌均勻後再享用。如果普羅旺斯燉菜原本是放在冷藏室中保存，要先恢復至常溫，或是稍微加熱之後再製作。

【材料】（1人份）
普羅旺斯燉菜……120g
雞蛋……1顆

　1 —— 將普羅旺斯燉菜盛入容器中，在正中央挖出1個洞，打入雞蛋。
　2 —— 以170℃的烤箱烘烤10分鐘。

義大利冷麵

　　麵條要使用像天使髮絲麵般的細麵，才能做出冷麵的風情。但是因為普羅旺斯燉菜的風味很濃郁，所以我認為只要使用家中現有的一般義大利麵就可以了。

【材料】（1人份）
普羅旺斯燉菜……200g
義大利麵……120g
A｜塔巴斯科辣椒醬……6滴
　｜蒜油（參照p.234）……1/4小匙
帕瑪森乳酪（磨碎）……適量

　1 —— 將義大利麵放入加了鹽（分量外）的滾水中，依照義大利麵的指示時間烹煮，取出後泡在冷水中冷卻，再瀝乾水分。
　2 —— 將1、普羅旺斯燉菜與A加入缽盆中，調拌均勻。試試味道後若覺得不足的話再撒上鹽（分量外）。盛盤後撒上帕瑪森乳酪。

普羅旺斯冷菜
Ratatouille fraîche

　　這是一道追求蔬菜新鮮感的原創料理。不像普羅旺斯燉菜那樣經過燉煮，因此並未釋出濃醇的味道，但是我喜歡帶有沙拉感的這道料理。將蔬菜切成一致的大小，是為了向普羅旺斯燉菜致敬。而且因表面積增加，所以撒鹽後比較容易釋出汁液。當成配菜的話，是很適合與海鮮和肉類搭配的一道百搭料理。

【材料】（2～3人份）

番茄……1大個（150g）
紅甜椒……1個（130g）
櫛瓜……1根（100g）
茄子……1根（100g）
洋蔥……1/2個（100g）
鹽……4g
A｜橄欖油……2大匙
　｜蒜油（參照p.234）……1小匙
黑胡椒……適量

　1 ―― 番茄縱切成8等分再去皮（照片a）。將果肉和種子果髓分開，再分別切成5mm的丁狀。將種子果髓用網篩過濾，篩掉種子，留下汁液（照片b）備用。紅甜椒縱切成細條、去除籽和皮膜，去皮之後（照片c）切成5mm的丁狀。將櫛瓜與茄子分別切成5mm的丁狀，各撒上2g的鹽抓拌，釋出水分後瀝乾水分。洋蔥切成5mm的丁狀。

　2 ―― 將1放入缽盆中，在正中央加入A再攪拌均勻。撒上黑胡椒，迅速攪拌。先試試味道再加鹽（分量外）。

綠色蔬菜溫沙拉
Salade verte à la vapeur

製作工序非常簡單。依煮熟的先後順序從較費時的蔬菜開始放入，每次都要撒上鹽、攪拌一下，不斷重複此作業。為了使鹹味滲入整體並且融合在一起，將鹽少量多次地加入是有其意義的。使用的鹽量總共是3g。雖然說不出撒1次的鹽量是多少g，但記得要分次加入。這道沙拉搭配醃檸檬（參照p.235）也很美味。

【材料】（2～4人份）

蘆筍⋯⋯4根（80g）

四季豆⋯⋯100g

秋葵⋯⋯4根（60g）

青花菜⋯⋯1小株（150g）

蘑菇⋯⋯8朵（80g）

櫻桃蘿蔔⋯⋯5個（60g）

蕪菁⋯⋯1個（100g）

獅子唐菜椒⋯⋯10根（60g）

橄欖油⋯⋯2又1/2大匙

雪莉酒醋⋯⋯1又1/3大匙

鹽⋯⋯3g

 直徑26cm的平底鍋

1 —— 去除蘆筍的三角形真葉並削去硬皮，將長度切對半，根部側再縱切對半。再分別將四季豆與在砧板上搓揉過的秋葵縱切對半。青花菜分成小株，單獨將菜梗部分切成薄片。蘑菇切對半、櫻桃蘿蔔切成4等分。蕪菁不去皮，切成4等分，然後修邊（以上參照p.238～239蔬菜的前置作業）。

2 —— 平底鍋用大火燒熱，加入橄欖油、四季豆、蘆筍的根部側，撒上少量的鹽拌炒。轉為中小火後，依序加入蕪菁和青花菜梗、獅子唐菜椒和蘆筍穗尖以及蘑菇、秋葵與青花菜小株，每次放入時要撒上少量的鹽。最後加入櫻桃蘿蔔混合，畫圓淋入雪莉酒醋，接著蓋上鍋蓋、立刻關火，放置30秒左右即完成。

香煎綠蘆筍
Sauté d'asperges

　　將蘆筍一鼓作氣放入燒熱的平底鍋中，攤平煎製直至上色。即使煎製得不均勻也沒關係，倒不如說這樣更好。蘆筍的穗尖是最美味的部分，所以請小心處理。將較硬的根部側縱切對半，就能均勻地受熱。

【材料】（2～4人份）

蘆筍……12根（240g）

黑橄欖（帶籽）……12顆

橄欖油……1大匙

巴沙米可醋……1小匙

帕瑪森乳酪……10g

鹽……1.5g

🍳 直徑26㎝的平底鍋

　　1 —— 去除蘆筍的三角形真葉並削去硬皮（參照p.238），長度大約依照穗尖1：根部側2的比例分切開來（照片a），然後根部側再縱切對半。

　　2 —— 在平底鍋中倒入橄欖油，用大火燒熱並煎製1。將蘆筍攤平，煎至上色後撒鹽。試吃一下，當呈現喜好的熟度時，就加入黑橄欖。將火轉小後加入巴沙米可醋（照片b），接著從爐火移開。盛盤並撒上切成薄片的帕瑪森乳酪。

a

b

馬鈴薯泥
Purée de pommes de terre

　　這是一道自古以來就有的傳統料理，經常作為肉類料理的配菜。馬鈴薯泥的美味關鍵說穿了就是其黏性！先將奶油、鮮奶與鮮奶油加熱後再加入馬鈴薯的話，就會比較容易釋出黏性。使用食物調理機製作，請攪拌至感覺打過頭的程度，使馬鈴薯變得黏稠。

【材料】（方便製作的分量）

馬鈴薯（北明等）……500g

A
奶油……125g
鮮奶……125㎖
鮮奶油（乳脂肪含量38%）……125㎖
鹽……3g

🍳 較小的鍋子

1 —— 馬鈴薯用水煮過之後去皮（參照p.237），然後大略切碎。

3 —— 將1與熱騰騰的2放入食物調理機中，攪拌至出現黏稠的黏性為止。

2 —— 將A倒入鍋中子，用大火加熱煮沸。

馬鈴薯泥 ▶ Déclinaison

焗烤薯泥牛肉醬

　　這是法國人最喜愛的家庭料理之一。法文的料理名稱是Hachis Parmentier，Parmentier是將馬鈴薯引進到法國，並且推廣普及的人。最好先記住這個名字，只要菜單中冠有Parmentier之名的料理，全都是馬鈴薯料理。

【材料】（2～3人份）

馬鈴薯泥……600g
番茄肉醬（參照p.146）…250g
帕瑪森乳酪（磨碎）……適量

　　1 —— 將肉醬放入焗烤盤中攤平，再鋪上馬鈴薯泥攤平。均勻地撒上帕瑪森乳酪，以180℃的烤箱將表面烤至呈現金黃焦色。

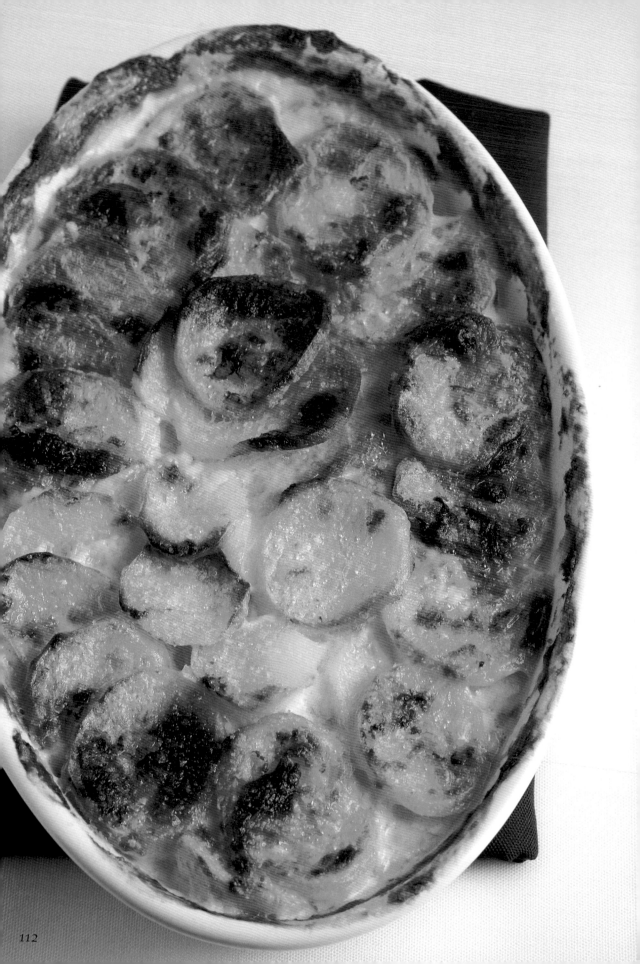

馬鈴薯千層派
Gratin dauphinois

在我踏入法式料理的世界時，第一次吃到、充滿回憶的一道料理就是這個「馬鈴薯千層派」。這道料理的關鍵在於如何讓馬鈴薯吸收乳脂肪成分，作法是利用烤箱溫度和烘烤時間。無論什麼烹調方式都有其理由，在法國因為鮮奶濃郁美味，所以只用鮮奶製作料理；相較之下，日本的鮮奶還是有點美中不足，因此在此加上鮮奶油。可以為簡單的烤肉料理佐餐，當然也可以單獨享用！這是一道滋味深邃的餐酒館經典料理。

【材料】（2～3人份）

＊長24cm × 寬15cm ×
　深5cm的焗烤盤

馬鈴薯（五月皇后等）……500g
大蒜……1瓣（10g）
奶油……10g
鮮奶油（乳脂肪含量38%）……100㎖
鮮奶……100㎖
鹽……5g

1 —— 將馬鈴薯去皮，切成厚度5mm的薄片。

2 —— 大蒜切對半，然後用切面用力摩擦整個焗烤盤。奶油也依照相同的方式用手指塗抹在整個焗烤盤上，連側面也要塗（照片a）。

3 —— 將1/3量的馬鈴薯稍微錯開位置排放在整個焗烤盤中（照片b）。撒上鹽，倒入各1/3量的鮮奶油和鮮奶。之後再重複做2次（照片c）。調整奶油和鮮奶的量以蓋過馬鈴薯。

4 —— 以150℃的烤箱烘烤1小時。中途觀察狀況，若烤乾了就倒入鮮奶油和鮮奶（皆分量外）。

德式馬鈴薯歐姆蛋
Omelette à l'allemande

德式歐姆蛋是將馬鈴薯和牛絞肉炒過後，在其中加進蛋液煎熟而成。另一種著名的西班牙烘蛋，是將用油煮過的油封馬鈴薯，用網篩瀝乾油分後與蛋液混合煎製而成。我的歐姆蛋擷取了這2種風格的優點。包含了油封馬鈴薯、大量的牛肉，以及煎到中間都熟透的歐姆蛋。我的目標是製作出具有存在感的歐姆蛋。

【材料】（4～5人份）

馬鈴薯（十勝小金等）……500g

洋蔥……1/2個（100g）

牛邊角肉……300g

油……300㎖

鹽……5.5g

雞蛋……6顆

奶油……15g

🍳 直徑26㎝的平底鍋

1 —— 馬鈴薯去皮後切對半，再切成厚度4～5㎜的薄片。洋蔥切成薄片。

2 —— 在平底鍋中加入油與1，用大火加熱。當油開始輕輕冒泡就轉為小火，不時攪拌一下，加熱15分鐘左右。盡量讓蔬菜一直浸泡在油中。當馬鈴薯軟到用手指一壓就碎時，即可倒入網篩中瀝乾油分。

3 —— 不清洗平底鍋，以殘留少許油分的狀態，將牛肉放入鍋中攤平，用大火煎製。撒上1.5g的鹽。因為會釋出肉汁，所以不要過度攪拌。因即使牛肉仍然殘留紅色的部分也無妨，待散發出香氣時就倒入2的網篩中。將網篩中的食材移到缽盆中。

4 —— 將雞蛋打入另一個缽盆中，加入4g的鹽。用打蛋器攪拌但避免拌入空氣，直至蛋液變得滑順為止。加入3之中，大幅度地攪拌。

5 —— 在平底鍋中放入奶油，用小火加熱，待奶油融化之後加入4。攪拌有蛋液的地方會比較容易煎熟，整體混合後轉為小火。邊煎邊塑形10分鐘左右。為了便於翻面，咚咚敲叩平底鍋的握柄使之滑動，再將橡皮刮刀插入邊把蛋剝離鍋壁邊塑形。

6 —— 當歐姆蛋的邊緣輕輕冒泡後，晃動平底鍋使之滑動，接著蓋上盤子，直接倒扣翻面至盤子。再將歐姆蛋從盤子中滑回平底鍋中，換面煎製2～3分鐘。試著按壓正中央，如果有感到彈性即完成。

香煎馬鈴薯鹽漬豬肉

Sauté de pommes de terre et de porc salé

鹽漬豬肉在法國鄉村是很普遍的料理。法國也是一個擁有馬鈴薯文化的國家，所以這樣的組合是非常正宗的料理。製作的訣竅在於煎製的熟度。如果煎得不夠徹底，就會出現雜味，所以一定要充分煎製、炒出香氣。

【材料】（2 人份）

馬鈴薯（五月皇后等）……500g
鹽漬豬肉（參照 p.163）……150g
奶油……25g
鹽、黑胡椒（試試味道後）
　……各適量
油……50mℓ

🍳 直徑 26 ㎝的平底鍋

1 —— 將鹽漬豬肉切斷纖維般地切成薄片。

2 —— 馬鈴薯帶皮切成一口大小的滾刀塊。不用泡水。

3 —— 在平底鍋中放入 10g 的奶油，用大火加熱，將 1 放入鍋中攤開煎製（照片 a）。煎上色之後取出。

4 —— 不清洗平底鍋，加入油與 2，用大火加熱。邊煎邊搖晃平底鍋，不時翻面一下。待馬鈴薯不會互相沾黏時轉小火。邊煎邊確實混合 7 ～ 8 分鐘，直到呈現令人垂涎欲滴的金黃焦色。

5 —— 將馬鈴薯倒入網篩中瀝乾油分（照片 b），然後放回平底鍋中。加入 3，用大火加熱，放入 15g 的奶油攪拌。試試味道之後撒上鹽與黑胡椒。

清脆爽口的
馬鈴薯絲沙拉
Salade croustillante de pommes de terre râpées

這道原創料理源自於「有就更好了」的想法，它也曾在我店中的套餐中登場。在以蓬鬆感和黏稠感為優先的馬鈴薯料理中，這道沙拉以完全背道而馳的清脆感為重點。重要的是在水煮過後，好好地去除黏液。搭配的食材除了生火腿之外，莎樂美肉腸和香腸等肉類食材都很適合。

【材料】(2～3人份)
馬鈴薯（五月皇后等）……400g
生火腿（切細絲）……30g
A｜鹽……2g
　｜橄欖油……1大匙

1 —— 馬鈴薯用刨絲器縱向切成長的細絲（參照p.239）。使表面凹凸不平，比較容易沾裹沙拉醬（照片a）。泡在水中防止變色，然後瀝乾水分。

2 —— 在鍋子中倒入大量的水（分量外），用大火加熱，煮沸後煮1。再次沸騰之後倒入網篩中，以流水沖洗，在冷卻的同時去除黏液。再充分瀝乾水分。

3 —— 將2與A放入缽盆中，用手混拌均勻（照片b）。加入生火腿混拌。

火柴薯條
Pommes allumettes

【材料】(2人份)
馬鈴薯（五月皇后）
　……2個（300g）
油炸用油……適量
鹽……1g

1 —— 先將馬鈴薯切成寬3mm的細絲。

2 —— 將缽盆裝水，清洗1的澱粉質。換水3～4次，重複換水直到水不再混濁為止（照片a）。倒入網篩中充分瀝乾水分。

3 —— 油炸用油加熱至160℃，放入2，若油溫下降就稍微加大火候。用料理夾等器具攪拌，邊炸邊撥鬆馬鈴薯絲避免沾黏在一起（照片b）。炸到開始上色之後，倒入網篩中（照片c）。因為餘熱會使其變色，所以要盡快移入網篩中。趁熱撒鹽，上下翻面混拌。

經典法式鹹派
Recette traditionnelle: la quiche lorraine

原創法式鹹派
Quiche maison: olives vertes, confiture d'ail, tomates demi-séchés et œuf dur

法式鹹派是法國洛林地區的傳統料理。原本是將油酥塔皮鋪在模具中，但這道料理是沒有塔皮、不須模具的簡易版本。由於內餡是相同的，所以只要自由發揮創意將食材攤平，就可以輕鬆製作出各式各樣的法式鹹派。重點只有隔水烘烤以及其溫度設定而已。沒有塔皮的法式鹹派是一道不會失敗的可靠料理。

【材料】（各2盤份）
＊直徑15cm・容量200mℓ的耐熱盤

[內餡]
雞蛋……1顆
鮮奶油（乳脂肪含量38%）……60mℓ
鮮奶……60mℓ
鹽……1g
白胡椒……少量

[經典法式鹹派的食材]
格魯耶爾乳酪……60g
培根……60g

[原創法式鹹派的食材]
水煮蛋……1顆
格魯耶爾乳酪……40g
半乾番茄（參照p.235）……4個
大蒜（＊）……2～3瓣
綠橄欖（＊）……8顆
＊大蒜、綠橄欖，要使用油封大蒜綠橄欖（參照p.235）。

1 —— 製作內餡。將蛋打入缽盆中打成蛋液，倒入鮮奶油與鮮奶，用打蛋器攪拌但避免將其打發。一旦攪出氣泡，烘烤時會形成氣泡孔。

2 —— 用網篩過濾1，加入鹽與白胡椒攪拌。

3 —— 經典法式鹹派的食材分別切成1cm的丁狀。

4 —— 原創法式鹹派的食材中的水煮蛋縱切成4等分。大蒜去皮，較大的大蒜切成一半。格魯耶爾乳酪細細磨碎。

5 —— 將1盤份的食材放入耐熱盤中，倒入1盤份的2。食譜中的內餡以及食材是共2盤份。如果經典法式鹹派和原創法式鹹派要各做2盤，內餡的量要加倍。

6 —— 將5排放在調理盤中，倒入熱水（分量外）。熱水的高度要與內餡等高。以160℃的烤箱隔水烘烤10分鐘，烤好後就這樣放在烤箱中，利用餘熱加熱10分鐘使其穩定。最後收尾以180℃的烤箱烘烤2～3分鐘，直到表面呈現漂亮的烤色。

經典法式鹹派

原創法式鹹派

煎炸帆立貝
Noix de Saint-Jacques poêlées

　　烹調帆立貝最重要的就是不要加熱過度，但內部也不能是冷的。內部鬆軟溫熱是最佳的狀態，可以想成像是天婦羅一般。首先，重要的是用大火將表面煎炸出令人食指大動的金黃色澤。翻面後利用餘熱加熱。不需要將兩面都確實地煎炸過。想像呈現出的狀態是，側面膨脹起來，試壓則鬆軟有彈性。醬汁中如果有羅克福乳酪就太完美了，但依個人喜好也可以省略。若是再添加生蘑菇薄片、切成5㎜丁狀的番茄果肉製作成醬汁，將別有另一番美味。

【材料】（2 人份）

帆立貝……4個
橄欖油……2小匙

[醬汁]

白酒……50ml
紅蔥頭（碎末）……8g
雞骨湯……100ml
鮮奶油（乳脂肪含量38％）
　……1大匙
奶油……10g
羅克福乳酪……30g
黑胡椒……少量
荷蘭芹（碎末）……1小匙

小鍋
直徑22 cm的平底鍋

1 ── 將帆立貝的殼打開，分成貝柱、裙邊與其他部位。

2 ── 製作醬汁。在小鍋中加入白酒與紅蔥頭，用大火煮乾水分，收乾直到看見紅蔥頭為止。要是水分沒有收乾，倒入鮮奶油就會產生油水分離，請多加注意。

3 ── 倒入雞骨湯煮沸，再倒入鮮奶油轉為中火，當開始沸騰就放入奶油。煮到變成約2/3的量時，放入羅克福乳酪，用湯匙大略搗碎。轉為大火，煮乾水分至想要的濃度為止，接著撒上黑胡椒。荷蘭芹要在煎炸好帆立貝後，於最後收尾時放入。

4 ── 在平底鍋中倒入橄欖油，用大火燒熱，油熱好就放入帆立貝煎炸。新鮮的帆立貝會斜塌一側，所以要利用平底鍋側面的圓曲線將其立起，邊煎炸邊塑形。

5 ── 塑形完成放回鍋面平坦處，用廚房紙巾將多餘的油擦拭乾淨。將火轉小，邊煎邊搖晃平底鍋使帆立貝滑動。當帆立貝的底部周圍出現金黃色的外緣時，將其翻面後即關火。

6 ── 用餘熱將另一面煎熟。只需煎到稍微上色即可。煎熟時，側面會膨脹起來。

7 ── 將3的小鍋加熱，放入荷蘭芹攪拌一下。在容器中倒入醬汁，將6盛盤，先煎好的那面朝上。

煎炸帆立貝 ▶ Déclinaison

香煎香味蔬菜貝裙邊

　　雖然新鮮的帆立貝裙邊做成生魚片也很美味，但是搭配香味蔬菜就成了另一道料理。太熟的話裙邊會變硬，所以要用大火加熱，一口氣完成。

【材料】（帆立貝 4 個份）

帆立貝裙邊……70g
橄欖油……少量
A ┌ 紅蔥頭（碎末）……3g
　│ 帆立貝（碎末）……1/2小匙
　│ 蒜油（參照p.234）
　└ 　……1小匙

在平底鍋中倒入橄欖油，用大火燒熱，當開始冒煙時放入帆立貝裙邊，攤平煎製以將釋出的汁液一口氣蒸散。加入A混合攪拌。

西班牙油醋魚
Escabèche

Escabèche 一詞來自西班牙語，是一種為了保存魚肉所設計出的烹調作法。將炸好的魚用油和醋醃製，這就是日本人所謂的「南蠻漬」。這道料理的「炸」是為了去除竹筴魚的水分，要將中心炸到熟透，因此以低溫慢慢地油炸。因為魚皮很容易沾黏在鍋底，所以油炸鍋請選用鐵氟龍產品等。添加香草的風味也可以使味道變得豐富，因而製作醃漬液的工序中，在添加白酒醋之前，也可以放入義大利荷蘭芹、迷迭香、龍蒿等喜好的香草。

【材料】（2人份）

竹筴魚……6尾（600g）
洋蔥……140g
胡蘿蔔……120g
西洋芹……40g
高筋麵粉……適量
油炸用油……適量

[醃漬液]

橄欖油……150mℓ
白酒醋……100mℓ
水……50mℓ
鹽……4g

🍳 鐵氟龍油炸鍋
🥘 內徑21cm的鍋子

1 —— 竹筴魚去除魚頭、魚鰓以及內臟，用水洗淨後去除稜鱗。背鰭和臀鰭處用刀斜斜地往下切，連鰭帶骨用拔骨夾全部取下。切對半後在雙面切入刀痕，直至抵到脊椎骨。

2 —— 洋蔥沿著纖維切成薄片，胡蘿蔔切成半月形，西洋芹切成薄片。

3 —— 將1撒滿麵粉。麵衣要薄而均勻，連刀痕之中也要仔細撒滿。

4 —— 將油炸用油加熱至160℃（標準是麵衣滴落時會沉到底部再慢慢浮上來），放入3。雖然放入時油溫會下降，但若用高溫油炸則只會上色，中心不會熟透，因此要以150℃慢慢油炸以去除水分。想像要讓空氣進入般，邊炸邊留出空隙。

5 —— 炸約15分鐘，當氣泡開始變小就將溫度提升至170～175℃，變成金黃色之後炸乾水分。瀝乾油分後移到調理盤中。

6 —— 製作醃漬液。在鍋子中加入橄欖油與2，用大火炒。炒出香氣後倒入白酒醋與水，開始滾滾冒泡時加入鹽攪拌，煮沸後即可關火。

7 —— 將6趁熱澆淋在5的上面。靜置1～2分鐘，接著趁熱將竹筴魚翻面，使其入味。鋪上蔬菜覆蓋竹筴魚，在常溫中靜置3～4小時。

韃靼鮪魚
拌酪梨
佐山葵醬油

Tartare de thon, avocats et *naganegi* à la sauce de soja au *wasabi*

　　熟透的酪梨和肥美的鮪魚同為入口即化的食材，所以口感當然非常契合。我用長蔥和日式調味料在其中添加了有趣的風味。附上乳酪瓦片脆餅。因為鮮味濃郁，與日式風味是絕佳的搭配。

【材料】(2 人份)

鮪魚（生魚片用魚塊）
　　……100g

酪梨……100g

長蔥……40g

A｜醬油……2小匙
　｜山葵……5g
　｜鹽……1g

黑胡椒……少量

橄欖油……少量

帕瑪森乳酪（磨碎）……適量

全麥麵包（薄片）……適量

1 —— 將鮪魚、酪梨與長蔥切成碎末。

2 —— 將酪梨、長蔥與 A 加入缽盆中，攪拌均勻。放入鮪魚與黑胡椒混合。

3 —— 製作乳酪瓦片脆餅。用廚房紙巾等將橄欖油塗勻在平底鍋上，輕輕擦拭。用小火加熱，放上薄薄一層帕瑪森乳酪，塑成圓形。當乳酪開始融化，將平底鍋從爐火移開，利用餘熱使乳酪融化。若沒有融化的話，翻面再煎製。靜置放涼後才從鍋面剝離（照片 a）。

4 —— 將 2 放在烤成金黃色的全麥麵包上面，用 3 裝飾。

蒜泥蛋黃醬風味韃靼鮪魚
佐普羅旺斯冷菜

Tartare de thon à la rouille garni de ratatouille fraîche

因馬賽魚湯而為人所熟知的蒜泥蛋黃醬，其辛辣的大蒜風味與鮪魚也很對味。因為想保留鮪魚的口感，所以不將它搗碎，而是切成小小的丁狀，與配菜的普羅旺斯冷菜切成相同的大小。做成一道可以享受其口感對比的料理。

【材料】（2人份）

鮪魚（生魚片用魚塊）……100g

蒜泥蛋黃醬（參照p.190）……30g

黑胡椒……少量

普羅旺斯冷菜（參照p.107）
　　……70g

1 —— 將鮪魚切成寬度5mm的細長條狀（照片a），再切成5mm的丁狀。不將鮪魚搗碎，而是切成小小的丁狀。

2 —— 將蒜泥蛋黃醬和鮪魚加入缽盆中，大略調拌以免將鮪魚弄碎（照片b）。用黑胡椒調味。將普羅旺斯冷菜放在盤子上鋪平，再將韃靼鮪魚漂亮地盛在上面。照片中是使用慕絲圈（只有外框，沒有底部的圓形模具）製作。

a　　　　b

燜煎鮭魚
Saumon poêlé

鮭魚的皮必須煎到酥脆！與肉的煎法相同，要保持鮭魚底下布滿油的狀態，煎出酥脆可口的鮭魚。其中有個我個人的作法——只有鮭魚要在皮面撒鹽。煎製的過程中所釋出的油脂和水分帶有魚腥味，所以要用廚房紙巾徹底擦拭乾淨。掌握了煎製法後，也請為醬汁增添變化。例如，在榛果奶油中加入了酸豆醬汁，與鮭魚非常對味。作法是只要一開始就將酸豆加進榛果奶油（參照p.236）中即可。建議大家最後也可以加入非常少量的醬油。這道料理與酸味很搭，因此可用酸黃瓜取代酸豆，再加入檸檬汁等也很美味。

【材料】（2 人份）

生鮭魚……2片（1片80g）
鹽……2g
橄欖油……1大匙

［配菜］

香菇……4朵
橄欖油……1大匙
鹽……少量

🍳 直徑26㎝的平底鍋

1 —— 將鹽均勻地撒在鮭魚的皮面和肉身兩側。雖然不在魚皮上面撒鹽是基本原則，但只有鮭魚例外。煎好的魚皮絕對會變得很美味。

2 —— 在平底鍋中加入橄欖油以及鮭魚，將鮭魚的皮面側朝下，用中火加熱，隨即改用小火煎。煎製時保持鮭魚底下布滿油的狀態。若煎到底下沒油了，最多再補倒入共計約1小匙（分量外）的油。

3 —— 讓鮭魚在平底鍋上滑動，同時輕輕按壓，或是利用平底鍋的圓曲線，將皮面整個煎得酥脆。

4 —— 當開始釋出油脂或水分時，因其帶有魚腥味，所以請用廚房紙巾擦拭乾淨。

5 —— 煎製6～7分鐘，直到煎出令人食指大動的金黃色澤，翻面後即可關火，利用餘熱將肉身側煎1～2分鐘。

6 —— 煎製香菇。將平底鍋清洗乾淨後，加入橄欖油與已切除菇蒂的香菇。將菇傘的表側朝下放入鍋中，用小火煎。煎1～2分鐘，開始釋出水分後翻面，再煎1分鐘左右。煎好後撒上鹽。與5一起盛盤。

燜煎鮭魚 ▶ Déclinaison

鮭魚抹醬

　　法式肉醬最初是將豬肉以油脂或豬油燉煮，弄碎後再次與油脂混合，製作成糊狀物，但是這裡將其改為用燜煎鮭魚製作的食譜。使用香味食材和蛋黃醬調拌成抹醬，可作為佐葡萄酒的下酒菜。

【材料】（2～3人份）

燜煎鮭魚……1片
　┌酸黃瓜（碎末）……5g
　│酸豆（碎末）……2g
A│蒔蘿（碎末）……2g
　│蛋黃醬（參照p.190）……1大匙
　└黑胡椒……非常少量（約掏耳勺1勺份）
長棍麵包（依個人喜好）……適量

1 —— 鮭魚去皮之後將魚肉用碎。將魚肉和A全部放入缽盆中混合攪拌。
2 —— 裝填至小容器中，附上鮭魚皮。搭配烘烤過的長棍麵包薄片一起享用。

法式嫩煎鰈魚
Karei meunière

　　不是像鮭魚那樣的魚塊（p.030），而是一整尾魚的法式嫩煎料理。烹調的重點是將表面煎得酥脆。因為撒滿麵粉，看似十分濕潤但其實不然。邊煎邊以畫圓的方式將較多的油澆淋在食材上，也是使成品酥脆的常用技術。因為這是道要帶有酸味的煎製料理，所以我簡單地擠上大量的檸檬汁。法式嫩煎料理的經典醬汁是在榛果奶油中加入酸豆、酸黃瓜和番茄等的香味所製成，但也推薦大家搭配p.185牛舌魚的法式油醋醬，享用輕盈的滋味。

【材料】（2人份）

鰈魚……2尾（700g）
鹽……4g
高筋麵粉……適量
橄欖油……45ml
黑胡椒……少量
檸檬……1個
荷蘭芹（碎末）……適量
粉吹芋（參照p.098）……適量

🍳 直徑26cm的平底鍋

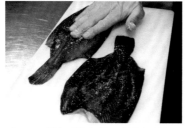

1 ── 鰈魚刮除魚鱗，去除魚頭和內臟，撒鹽搓揉入味。

2 ── 在1的表面和腹側撒上麵粉。要是麵粉過多的話煎製時會結塊，因此要確實拍落多餘的麵粉。沾裹麵粉後就別再觸碰。

3 ── 平底鍋中倒入30ml的橄欖油，將2盛盤時朝上的那面朝下放入鍋中，一開始用大火煎，隨即改用中火煎。經常保持魚底下布滿油的狀態，以畫圓的方式澆淋油，覆蓋魚的表面。因為會釋出水分，所以也要從上方澆淋油，使麵衣穩固。

4 ── 煎製8～9分鐘，煎出令人食指大動的金黃色澤時，暫時取出鰈魚。倒掉油再加入15ml的橄欖油新油，將鰈魚翻面後放回鍋中，用中火煎。

5 ── 另一面的煎製時間為表面的2/3左右。用手指按壓脊椎骨上方的部分，如果有壓開魚肉的感覺就是煎熟了。或者刺入刀子，如果一下子就刺到脊椎骨即為煎熟。

6 ── 在5的上面撒黑胡椒，將檸檬切對半後擠出檸檬汁。將叉子刺入檸檬的中心邊壓榨邊扭轉，就能榨出大量的果汁。撒上荷蘭芹即完成。盛盤並附上粉吹芋。

漁夫風味海瓜子
Asari marinière

　　對我來說，這道料理有「烘烤」的感覺。無論如何請先將鍋子燒到滾燙。理想的情況是加入海瓜子時，會發出響亮的唰唰聲。此外，請選擇一個寬而淺的鍋子，讓海瓜子可以重疊2層且上部還有空間。保持熱度很重要，其上部的空間會產生熱力對流，促使鍋子內部加熱。火候當然自始至終都是使用大火。過程中攪拌時一定要快速地打開鍋蓋再蓋上，以免熱度散失。風味變化方面，也可以添加紅椒粉、番紅花等，創造出獨特的風味。加入的時間點是與海瓜子一起加入鍋中。完成時也可以撒上荷蘭芹。

【材料】(2 人份)
海瓜子……1kg
紅蔥頭……15g
白酒……100mℓ

🍲 內徑21cm的附蓋鍋子

1 —— 將海瓜子放入食鹽濃度3%（分量外）的鹽水中，放置在陰暗安靜處吐沙。若要保存的話，請放在冷藏室中冷氣不強的地方。

2 —— 將紅蔥頭切成薄片。

3 —— 將鍋子用大火加熱直到滾燙（在鍋中倒水煮沸，沸騰後即將水倒掉）。加入瀝乾水分後的海瓜子、2與白酒，蓋上鍋蓋蒸。

4 —— 大約過了10秒之後，打開鍋蓋迅速攪拌整體。再次蓋上鍋蓋，用大火燜蒸2～3分鐘。

5 —— 過程中壓住鍋蓋，同時像是上下翻面般搖晃鍋子，使之混合。

6 —— 確認海瓜子打開後蓋上鍋蓋，煮沸後立即關火，即完成。

香草蒸大瀧六線魚

Ainame à la vapeur d'herbes

　　這是一道非常簡單又不會失敗的料理。只需用大火蒸，蒸出鬆軟的成品正是清蒸料理的真傳。因為是靠蒸氣蒸熟的，所以水分不會從食材中流失，可以鎖住鮮味和香氣。這道魚料理也可以不使用香草，改為添加切成薄片的洋蔥、胡蘿蔔、西洋芹等香味蔬菜。不過，請一定要使用法式香艾酒，美味程度會大相逕庭。

【材料】（2 人份）

大瀧六線魚……1尾
　（去除內臟後750g）
鹽……8g
法式香艾酒……250㎖
A
　迷迭香……10g
　義大利荷蘭芹……10g
　龍蒿……10g
　鼠尾草……10g
　月桂葉……2片
橄欖油……50㎖
半乾番茄
　（參照p.235。依喜好）……4個

🍳 較大的蒸鍋

法式香艾酒

香艾酒發源於法國南部的馬賽，是以白酒為基底，將苦艾等香草和香料浸泡在其中所製成的風味酒。這是香草風味料理中不可或缺的料理酒，想要提高芳醇風味時非常方便。我喜歡使用乾型香艾酒「Noilly Prat 香艾酒」。

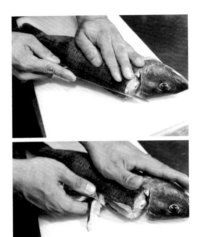

1 —— 大瀧六線魚去除鱗片以及內臟後，用水洗淨，在背鰭和臀鰭處用刀子斜斜地往下切，連鰭帶骨用拔骨夾全部取下。接著切對半，在雙面各切入2道刀痕。

2 —— 在表面和腹內確實撒鹽，然後搓揉入味。

3 —— 將2排放在調理盤或是耐熱盤中，以畫圓的方式在整體淋上法式香艾酒。鋪上 A，覆蓋住大瀧六線魚，在腹內也放入少許，然後由上方以畫圓的方式淋上橄欖油。

4 —— 將水倒入蒸鍋之中，用大火加熱。待冒出蒸氣後放入3，蓋上鍋蓋，用大火蒸12～13分鐘。用湯匙等器具輕輕掀起魚肉，若能從骨頭上輕易剝落就是蒸好了。盛盤，依個人喜好附上半乾番茄。

嫩煎香草豬排
Porc sauté aux herbes

　　這是能享受到添加了香草和白酒風味的煎豬排，滋味高雅洗鍊、香氣格外豐厚。從前一天就用調味料將豬肉醃製一晚，而此調味液也可以用來製作醬汁，增添濃醇風味。豬肩肉片要慢慢加熱，口感會比較好也更加多汁。這是一道切面也略帶粉紅色、優雅的豬肉料理。依個人喜好，也可以在醬汁中加入鮮奶油、奶油、胡椒或芥末等。

【材料】（2 人份）

厚切豬肩肉……2片（400g）

A
　白酒……50mℓ
　普羅旺斯綜合香料（p.074）…… 1g
　鹽……1g
　黑胡椒……少量（0.5g）
　橄欖油……5g
油……1小匙

 直徑26㎝的平底鍋

小鍋

1 —— 將豬肉塗滿 A，並充分搓揉入味。放入密封保鮮袋中，放置於冷藏室一晚，醃漬期間最長可放 1 週。熟成、發酵的時間越久，鮮味就會越濃郁。

2 —— 在調理盤中鋪上廚房紙巾，將豬肉放上以瀝乾水分。調味液要用來製作醬汁，所以保留備用。

3 —— 將調味液倒入小鍋中，用大火加熱。出現大塊的浮沫時，將廚房紙巾放在網篩上用來過濾調味液。這就是醬汁了。

4 —— 將豬肩肉的脂肪部位朝下，用中火在平底鍋中立著煎製。煎出令人食指大動的金黃色澤之後暫時取出，倒掉油脂。

5 —— 將平底鍋清洗乾淨，倒入油並用大火燒熱，從盛盤時朝上的那側開始煎。隨即將火轉小，讓豬肉在平底鍋上滑動，煎製時經常保持豬肉底下布滿油的狀態。沒有切斷筋的肉會翹起，所以要壓住正中央。只有剛開始煎的時候需要按壓，要是過度按壓，會流失美味的肉汁，請多加注意。

6 —— 煎出令人食指大動的金黃色澤時翻面，依照相同的方式煎另一面。試著按壓正中央附近，若有半透明的紅色汁液流出即表示煎好了。如果色澤還太淺，請加大火候完成。取出豬肉，削切成寬度約 1.5 cm 的肉片。

7 —— 製作醬汁。倒掉 6 平底鍋中的油脂，加入 3 的醬汁，用小火加熱，煮沸後即可關火。

8 —— 將 6 的豬肉盛入盤中，淋上 7 的醬汁。

嫩煎香草豬排
▶ Déclinaison

堅果果乾煮炒豬肉

堅果的香氣和水果乾的濃郁甜味，與豬肉也很相配。過程中倒入的水，有助於引出水果乾的味道，使味道融合在一起。

【材料】（2 人份）

嫩煎香草豬排……1 又 1/2 片

A
| 葡萄乾……20g
| 無花果乾……25g
| 杏桃乾……25g

B
| 杏仁……15g
| 腰果……25g
| 榛果……20g

C
| 松子……5g
| 開心果……5g

油……2 大匙

水……30㎖　　奶油……10g

黑胡椒……適量

鹽（試試味道後）……1g

1 —— 豬肉切成一口大小。將 A 的水果乾切成與葡萄乾相同的大小。

2 —— 在平底鍋中放入油與 A，用中火炒。開始上色之後放入 B 一起炒，小心不要炒焦。開始上色之後（因為腰果容易上色，所以以此為準），瀝乾油分。加入 C 與水，用中火煮，引出乾果的味道。放入嫩煎香草豬排與奶油，混合攪拌。多撒一點黑胡椒，試試味道之後撒鹽調味。

法式醋溜雞
Poulet au vinaigre

　　此道料理的法文名中，poulet是雞肉、vinaigre是醋，為用醋燉煮而成的雞肉。這是來自里昂的料理，我偏好使用紅酒醋製作，使用帶骨的雞肉為佳。會從骨頭熬出高湯，變得更加美味。雞肉的金黃色澤要煎得深一點，因為色澤一經燉煮會淡掉，所以要充分煎出較深的焦色。此外，如果雞肉燉煮太久會變得乾柴，因此要在不同的時間點取出，最後只將煮汁煮乾水分使其濃稠。

【材料】（2人份）

帶骨雞腿肉……2支（400g）

鹽……3g（肉的0.8%）

番茄……4個（400g）

橄欖油……1小匙

大蒜（帶皮）……4瓣

紅酒醋……40㎖

雞骨湯……200㎖

黑胡椒……適量

直徑26㎝的平底鍋

3 ── 在整體撒上鹽。鹽很難滲入皮面，所以請充分搓揉肉身側入味，在室溫中至少靜置15分鐘。也可以在前一天就撒鹽備用。

1 ── 雞腿肉分成腿排肉跟棒腿肉2部分。從關節迅速下刀，位置在距離筋約5㎜處的棒腿肉側。

2 ── 在棒腿肉末端比較細的部分下刀，繞一圈深深切入骨頭，以切斷阿基里斯腱。防止煎製時收縮變小。

4 ── 在平底鍋中加入橄欖油、大蒜與3，將肉身側朝下放入，用中小火煎製。大約30秒後翻面，讓雞肉在平底鍋上滑動，煎的時候經常保持雞肉底下布滿油的狀態。當油脂變多就倒掉，用湯匙將油澆回雞肉上，邊煎邊轉動棒腿肉以煎出較深的焦色。

5 ── 倒掉油脂，放入切成大塊的番茄。攪拌後加入紅酒醋，用大火煮。如果先加醋的話會蒸散掉太多酸味，所以先放入番茄。倒入雞骨湯燉煮。

6 ── 煮5分鐘左右，取出雞肉的腿排肉。要注意若雞肉燉煮太久會變得乾柴。再煮5分鐘左右，取出棒腿肉。

7 ── 將6倒入網篩中，用湯匙背面等器具過濾。

8 ── 將濾好的煮汁倒回平底鍋中，用大火煮乾水分直到變成想要的濃稠度為止。將雞肉放回平底鍋中，煮沸後即可關火，再撒上黑胡椒。

庫司庫司
Couscous

　　原為北非的料理，卻在法國大受歡迎，甚至被稱為第二國民美食。雞肉和羊肉用冷的雞骨湯開始煮起，充分引出肉的鮮味。北非小米浸泡在這充滿鮮味的煮汁中泡開，因此風味十足。因為南瓜煮散之後，湯汁會變得混濁，所以要另外煮好後再加入。桌上也絕對少不了哈里薩辣醬。除了可以添加香氣和辣味，還能瞬間營造出發源地的氣圍，在盤子中一點點混合後享用。

【材料】（4人份）

帶骨雞腿肉……2支（400g）

小羊排……4根（440g）

番茄……4個（400g）

胡蘿蔔……2根（320g）

洋蔥……1/2大個（150g）

大蒜……3瓣（30g）

蕪菁……4個（400g）

櫛瓜……2大根（340g）

紅甜椒……1個（130g）

南瓜……1/4個（340g）

雞骨湯……2.5ℓ

紅辣椒……1根

番紅花……少量

小茴香籽……1/4小匙（1.5g）

鹽……9g

北非小米（庫司庫司）……240g

橄欖油……1大匙

哈里薩辣醬……適量

🥘 內徑21cm的深鍋

1 —— 將雞腿肉切成2個部分（參照p.137的1～2）。與小羊排混合，撒上7g的鹽搓揉入味，至少靜置1小時。

2 —— 番茄去皮（參照p.238），切對半後去除種子。將種子用網篩過濾，篩掉種子，留下汁液備用。

3 —— 將雞骨湯、紅辣椒與1放入鍋中，用大火加熱。煮沸時會有浮沫，但要稍待片刻等浮沫凝結，當浮沫變成褐色時再一口氣撈起來。轉為小火，煮20分鐘左右。

4 —— 胡蘿蔔縱切對半，洋蔥保留芯後切成月牙狀，蕪菁不去皮切對半，櫛瓜切成4～5cm長段，紅甜椒縱切成8等分，南瓜去皮之後切成4等分。

5 —— 將3煮20分鐘之後，只取出雞肉，再加入胡蘿蔔、洋蔥與大蒜。煮10分鐘左右後加入蕪菁與櫛瓜，繼續煮2～3分鐘。將番茄壓碎後加入，接著加入2的汁液與番紅花。煮5～6分鐘後加入紅甜椒與小茴香籽，迅速煮一下。試試味道之後加入2g的鹽。

6 —— 從5的煮汁取出240㎖與橄欖油混合，倒在鉢盆中的北非小米上。蓋上盤子等充當蓋子燜蒸20分鐘。庫司庫司和還原的煮汁分量相同。

7 —— 待完全吸收液體之後，倒入調理盤中用手撥鬆。庫司庫司也可以預先還原備用。等到要享用時再以微波爐重新加熱。

8 —— 將南瓜放入另一個鍋中，倒入從5舀出大量的煮汁，煮至變軟。

吃法是仿照當地方式，將配料、湯和庫司庫司分別盛盤，然後分別取用配料和庫司庫司放在自己的小盤子裡，邊淋上湯汁邊享用。庫司庫司會不斷地吸收湯汁，所以享受料理的變化也是用餐的樂趣之一。

哈里薩辣醬

此為庫司庫司料理所不可或缺的辛辣調味料。因為含有橄欖油和香料，所以香氣濃郁，最適合為單調的料理增添獨特的風味。市面上販有罐裝、瓶裝和軟管裝等形式。

俄式酸奶牛肉
Bœuf Stroganoff

　　當年有位法國主廚為建造西伯利亞鐵路的貴族斯特羅加諾夫家族所聘雇，他設計出俄式酸奶牛肉這道料理。因為這是俄羅斯料理，所以並非使用鮮奶油，而是改用酸奶代替。清脆的酸黃瓜配上清爽的檸檬，酸味層層相疊非常美味，更是突顯出牛肉的風味。味道的關鍵是煎得香氣四溢的牛肉。用大火一口氣煎出焦色。配菜絕對是奶油炒飯，使用了大量的奶油炒製而成，但要避免炒出焦色。

【材料】（2 人份）

牛邊角肉……300g
蘑菇……150g
酸黃瓜……50g
奶油……30g
鹽……4g
黑胡椒……少量
荷蘭芹（碎末）……1小匙
檸檬……1/2個
酸奶……150g

[奶油炒飯]
米飯……200g
奶油……30g
水……60mℓ
鹽……1.5g

🥘 直徑26cm的平底鍋

1 —— 將蘑菇、酸黃瓜切成厚度3～4mm的薄片。

2 —— 在平底鍋中放入奶油，用大火加熱，再放入牛肉攤平，撒上1.5g的鹽。接著一口氣煎到香氣四溢，充分煎出焦色。

3 —— 煎出焦色後加入蘑菇。牛肉還有半生不熟的部分也無妨。一起拌炒，使蘑菇吸收肉汁。

4 —— 試試味道後撒上2.5g的鹽，放入黑胡椒與酸黃瓜一起拌炒。放入荷蘭芹再擠入檸檬汁，將檸檬皮也加進去混拌以增添香氣。

5 —— 最後加入酸奶混合，待融化之後整體味道融合即完成。

6 —— 製作奶油炒飯。在平底鍋中加入奶油、水與鹽，用大火加熱，煮沸後加入米飯，邊炒邊撥散開。也可以用雞骨湯（同量）代替水，但就不用加鹽。

7 —— 將奶油炒飯與5盛盤。

法式漢堡肉排
Bitok

Bitok是在受到俄羅斯料理影響的時代，傳入法國的一種漢堡排。在牛絞肉中添加了大蒜和薑的風味，做成薄薄的肉餅，放入平底鍋煎製。這個食譜沒有加入麵包粉之類的黏著劑，所以最重要的是將絞肉攪拌出黏性，使之「相連」。保持絞肉冰冷就是為了能夠易於相連，這也是與製作日本洋食的漢堡排時所共通的技巧。醬汁方面，我認為很適合簡單地搭配第戎芥末醬和黑胡椒享用。

【材料】（2人份）

牛絞肉……300g
洋蔥……1/2個（100g）
奶油……10g
水……100㎖
鹽……少量（0.5g）

A
| 洋蔥……20g
| 薑……5g
| 大蒜……5g
| 水……50㎖

B
| 鹽……2.5g
| 黑胡椒……0.5g

[醬汁]

第戎芥末醬……適量
黑胡椒……適量

🍳 直徑26㎝的平底鍋

1 —— 洋蔥切成7～8㎜的丁狀。在平底鍋中加入洋蔥、奶油以及水，用中小火炒出甜味後（參照p.237）撒鹽。倒入調理盤中攤開放涼，冷卻後放入冷藏室中。

2 —— 將A放入果汁機中攪打。或是磨碎後混合在一起。

3 —— 將缽盆底部墊著冰塊，放入2/3量的牛絞肉、2與B，混合攪拌。

4 —— 讓牛絞肉保持冰冷的狀態，為了避免其變熱，以指尖迅速抓拌使牛絞肉產生黏性。如果脂肪還是白色的，表示還沒有結合在一起，要繼續攪拌。

5 —— 當白色的部分與瘦肉融為一體變成糊狀時，加入剩餘1/3量的牛絞肉，輕輕攪拌。加入1迅速攪拌，當肉團呈現糊狀和顆粒狀摻雜的狀態即攪拌完成。

6 —— 將5分成4等分，排出空氣。先聚集成丸型，然後盡可能塑形成又薄又平的形狀。手溫較高的人則是將其放在砧板上，改用刀子等器具塑形（參照p.077）。

7 —— 將6排放在平底鍋中，用中大火煎製。注意別讓漢堡肉排潰散，使其在平底鍋上滑動，煎製時要常保漢堡排底下布滿油。當邊緣漸漸變白時翻面。

8 —— 煎另一面時，也要保持漢堡排底下布滿油的狀態。流出的肉汁畫圓澆回漢堡排上。直到最後都不要蓋鍋蓋。煎好後排放在盤中，附上第戎芥末醬與黑胡椒。

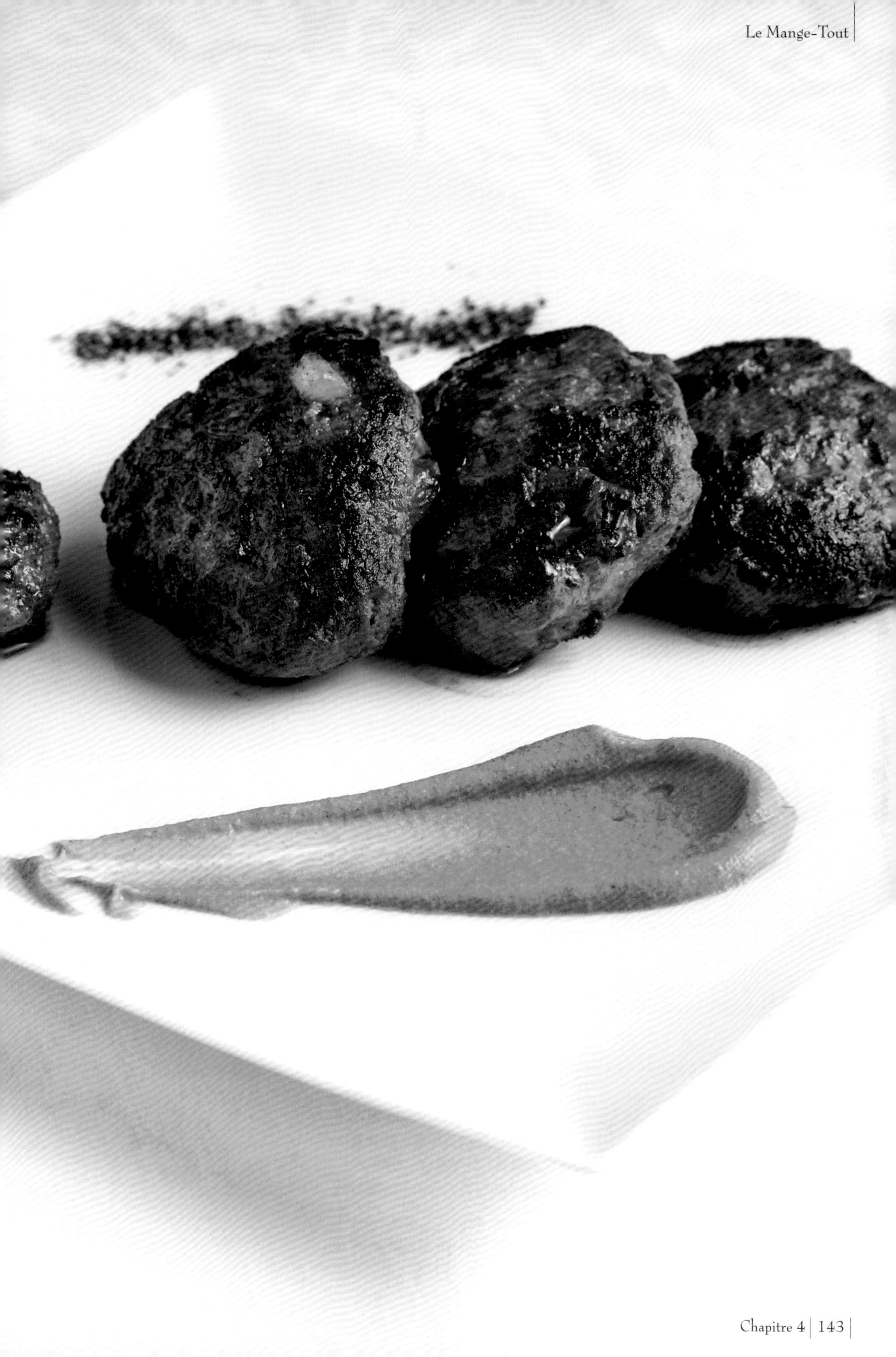

簡易法式香腸
Saucisson sans boyau

　　這是不必灌香腸，只要簡單塑形就可以做出的香腸。肉餡使用綜合絞肉，在其中只添加大蒜和薑的風味，使用途更加廣泛；但是若想讓它擁有獨特的風味，可以添加乾燥香草或香料類。盛盤時只添加含有芥末的法式油醋醬，或是只添加芥末當然也不錯！絞肉料理關鍵的重點就是要帶出肉的黏性，使之「相連」，所以要充分搓揉至會拉絲的程度為止。加熱方式除了水煮之外，還可以用平底鍋空燒法，若是後者的作法，請用鋁箔紙代替保鮮膜包捲肉餡。

【材料】（方便製作的分量）

＊直徑4cm×長20cm，2條份

綜合絞肉[牛肉7：豬肉3]……500g
鹽……4.5g（肉的0.9％）
黑胡椒……0.45g（鹽的10％）

A
洋蔥……20g
大蒜……1/2瓣（3g）
薑……3g
水……50mℓ

法式油醋醬（參照p.184）……適量
喜好的葉菜類蔬菜（西洋菜等）
　……適量

🍳 直徑24cm的鍋子、小鍋
🍳 直徑24cm的平底鍋

1 —— 將A放入果汁機中攪打。或是磨碎後混合在一起。

2 —— 將絞肉、鹽與黑胡椒放入缽盆中，充分攪拌均勻。攪拌至顆粒感消失，變成糊狀黏在缽盆底部。

3 —— 加入1，然後充分搓揉至感覺會拉絲的程度為止。

4 —— 鋪好保鮮膜之後，將1/2量的3放上。保鮮膜的尺寸大約為寬30cm×長40cm。

5 —— 從近身側往前捲起，要避免空氣進入。如果一開始先塑形到一定程度，空氣就會難以進入。扭轉兩端多餘的部分，往中心方向折。

6 —— 配合5的香腸長度裁切保鮮膜，抓著兩端一起捲起。

7 —— 將6用棉線綁起3～4處。在第一次交叉時要繞2圈再打結，以避免鬆脫。

8 —— 在鍋中煮沸大量的熱水，放入7，保持85℃煮30分鐘。關火後靜置放涼，直到熱水恢復到室溫。

9 —— 取下8的棉線和保鮮膜，將香腸放入平底鍋中，邊用小火煎製邊滾動。加熱的同時，將表面煎出令人食指大動的金黃焦色。接著將喜好的葉菜類蔬菜鋪在盤子上，盛入香腸再淋上法式油醋醬。

番茄肉醬
Sauce bolognaise

能充分品嘗牛絞肉的鮮味，為濕潤芳醇的肉醬。調味很簡單，只需鹽和黑胡椒。但是我使用了大量的香味蔬菜、番茄、鮮奶和紅酒，煮出濃醇的味道。如果想要引出牛絞肉的香氣，就要確實煎炒。我的作法是堅持炒過的牛絞肉一定要用網篩過濾，瀝除多餘的油脂、徹底去除雜味。每當添加鮮奶和紅酒時，都要耐心地煮乾水分直至收乾，使肉醬含有鮮味。

【材料】（方便製作的分量）

牛絞肉……700g	水煮番茄罐頭（過篩）
洋蔥……30g	……4罐（1.6kg）
胡蘿蔔……30g	＊用新鮮番茄也是相同分量
西洋芹……30g	鹽……約4g
大蒜……30g	黑胡椒……適量
鮮奶……240ml	
紅酒……500ml	

 直徑26cm的平底鍋

內徑21cm × 深9cm的鍋子

1 —— 將洋蔥、胡蘿蔔、西洋芹與大蒜切成碎末。

2 —— 在平底鍋中放入牛絞肉，用中火加熱。用較大的湯匙背面等壓肉，邊壓散肉塊，邊煎製到粒粒分明的乾鬆狀態。

3 —— 雖然過程中會釋出水分，但是要煎至乾鬆的狀態為止。

4 —— 煎製12分鐘左右，轉為大火邊煎邊收乾。當煎好的肉香氣四溢，處處呈現很深的焦色時，再撒上3g的鹽混合攪拌。

5 —— 移至網篩中瀝除多餘的油脂。但若放置太久會流失肉所釋出的鮮味，所以只需靜待1分鐘左右，讓油脂自然地瀝乾。

6 —— 將5放回平底鍋之中，放入大蒜，用中火炒。炒到散發香味後放入洋蔥、胡蘿蔔與西洋芹，混合攪拌。

7 —— 倒入鮮奶，轉為大火邊炒邊攪拌。鮮奶具有緩和酸味、增加濃醇味道、去除肉腥味的作用。炒至收乾並且發出啪嚓啪嚓聲。若未先確實炒過，接下來加入紅酒之後就會油水分離，請多加注意。

8 —— 倒入紅酒，煮乾水分直到收乾為止。不撈除浮沫，濃縮紅酒的鮮味。

9 —— 煮乾水分後移入鍋子中，加入過篩的水煮番茄（參照p.238），用大火加熱。一開始不要攪拌，但在煮沸後轉為中小火並不時攪拌鍋底，煮50分鐘～1小時左右。

10 —— 大約1小時之後，從此步驟開始要注意不要燒焦。雖然看似水分充足，但下方的部分卻是沉積絞肉的狀態。用木鏟從鍋底往上翻拌整體。

11 —— 用木鏟刮拌鍋底，若沒有水分釋出即完成。試試味道，不夠的話就放入適量的鹽（1g左右），撒上大量的黑胡椒後混合攪拌。試著用手指將肉壓碎，如果一下子就能壓碎，就是番茄肉醬理想的燉煮狀態。

保存法

番茄肉醬也可以冷凍保存。裝入保鮮袋中排出空氣，弄平後冷凍。解凍時使用微波爐。因為水分和牛絞肉會分離，所以要混合後再使用。

開放式三明治

開放式三明治的法文語源是有「塗抹」之意的「tartiner」。這道料理是在切成薄片的長棍麵包塗抹奶油、果醬或擺放喜好食材。在法國是日常的麵包吃法。依喜好可添加乳酪、荷蘭芹或橄欖油。

【材料】
番茄肉醬……適量
長棍麵包……適量
大蒜（去芯）……適量
A｜帕瑪森乳酪（磨碎）、荷蘭芹（碎末）、橄欖油……各適量

1 —— 將長棍麵包切成1cm的厚度，烘烤後用大蒜的切面塗抹以增添香氣（照片a）。
2 —— 將番茄肉醬塗在1的上面，適當地將A淋上。

番茄肉醬義大利麵

調和肉和蔬菜的鮮味、滋味深邃的番茄肉醬，雖然也有無限的變化，但我還是喜歡與義大利麵一同享用。煮麵水可以調節醬汁的鹹度，同時還有讓義大利麵和醬汁融合為一體的功能。

【材料】（1人份）
番茄肉醬……150g
義大利麵……100g
帕瑪森乳酪（磨碎）……適量
熱水……2ℓ　　鹽……20g（熱水的1%）

1 —— 將義大利麵放入加了鹽的滾水中，依照義大利麵指示的時間烹煮，接著倒入網篩中瀝乾熱水。煮麵水則保留備用。
2 —— 在平底鍋中放入肉醬、1與帕瑪森乳酪，用小火加熱攪拌。加入50mℓ左右的煮麵水拌炒，使之乳化（照片a）。

番茄肉醬 ▶ Déclinaison

慕莎卡風味茄子

慕莎卡（Moussaka）料理起源於北非，現在是常見於希臘和土耳其等國家的烤箱料理。將茄子、羊絞肉與貝夏媚醬交替放入模具中以烤箱烘烤，但根據地區的不同有眾多各自的變化。在此為了享用由100％的牛絞肉製成的番茄肉醬，我簡單地用茄子和麵包粉製作。

【材料】（2人份）

＊長24cm × 寬15cm × 深5cm的焗烤盤

番茄肉醬……150g

茄子……4大根（500g）

鹽……3g

橄欖油……5大匙

麵包粉……12g

1 —— 茄子不切掉蒂頭，而是繞一圈切入淺淺的切痕（照片a），然後剝除花萼。縱切對半後在茄子切面切入格子狀的切痕。撒鹽使之迅速入味，放置10分鐘左右（照片b）。釋出的水分是澀液，所以要擦拭乾淨。

2 —— 在平底鍋中倒入橄欖油燒熱，將1從切面開始煎製。當外皮側朝上時就像是蓋子，可以燜煎茄子。煎好之後按住蒂頭，用湯匙刮取茄子肉（照片c）。放入網篩中，瀝除澀液和橄欖油（照片d）。

3 —— 將番茄肉醬和2放入缽盆中攪拌均勻。填入焗烤盤中，撒上麵包粉。不要立即烘烤，而是靜置直到麵包粉變軟並且變色為止，讓麵包粉吸收茄子的汁液。以180℃的烤箱烘烤至表面出現焦色。

a　　　　　　b　　　　　　c　　　　　　d

油封雞腿肉
Confit de cuisses de poulet

　　在餐酒館的菜單上也很常見的油封鴨肉和油封雞肉，這道料理在法國是作為保存食之一。這是以低溫的油脂將肉慢慢燉軟的料理，將肉直接浸漬在油脂中保存。將雞腿肉用油燉煮、浸漬在油脂中，乍聽之下往往會擔心口感油膩。但正因為是用油燉煮，才去除了雞腿肉中多餘的脂肪，所以成品的味道竟出人意表地清爽。反而用水或葡萄酒去煮的話，脂肪不會融化而會殘留下來。油封時若使用鵝脂或豬油等動物性脂肪，保存時反而會完全凝固而不易取出肉塊。所以在此介紹的是混入植物油的食譜。

【材料】（4人份）

帶骨雞腿肉……4支（1200g）

A
├ 鹽……12g
├ 黑胡椒粒
│　（用鍋底等大致壓碎）……1.2g

B
├ 油……500㎖
└ 豬油……500㎖

🍳 直徑24㎝的鍋子

1 —— ［前一天］分切雞腿肉。將腿排肉放在右側、棒腿肉置於左側，從位於近身側的脂肪塊微靠左側（棒腿肉）的關節下刀，切分開來。

2 —— 從距離棒腿肉邊緣的約2㎝處下刀，繞一圈切斷阿基里斯腱。用刀尖將肉往邊緣靠攏，塑形成丸狀。如果不切斷阿基里斯腱，受熱時會大幅收縮而拉動雞肉。

3 —— 將A在小缽盆中混合以製作預先調味用的調味料，接著撒在雞肉上。首先在腿排肉多撒一些，將皮面側朝上放在調理盤中。在棒腿肉的切面（肉身）也要撒上，擺放在調理盤中，也在皮面側撒鹽。然後，用手搓揉雞肉整體使調味料入味。

4 —— 搓揉入味後放回調理盤並蓋上保鮮膜，放入冷藏室中醃漬1天。撒鹽後雞肉就會釋出帶鮮味的水分，因為希望雞肉再次吸收這些水分，所以絕對不要用廚房紙巾覆蓋。

5 —— ［隔天］混合B，放入少量在較厚的鍋子中，再將4的雞肉盡量不重疊地排放於鍋中，再放上剩餘的B，使其剛好蓋過雞肉。若在此時將腿排肉的皮拉平、棒腿肉再次用手握住往外拉來塑形好後才放入鍋子中，成品也會變得很漂亮。

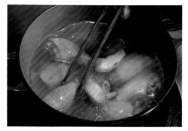

6 —— 將5用中火加熱，稍微煮沸後用長筷將雞腿肉重疊處分開些，讓肉與肉之間也要布滿油。不時攪拌使油溫均勻。用長筷刮動鍋底，避免雞肉沾黏在鍋底。

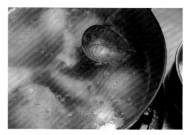

7 —— 用極小火加熱，保持在90℃左右微微冒泡的狀態。過程中用長筷攪拌使油溫均勻。當表面一形成皮膜（浮沫），就要用湯勺撈除。

8 —— 腿排肉煮至膨脹鬆軟後就先取出，棒腿肉煮至軟嫩即完成。煮好的雞肉外皮纖細而容易損傷，所以不要使用油炸夾夾取。

9 —— ［保存］將8放涼後撈出雞肉，放入較深的容器中。只舀出鍋中上層清澈的油倒入容器中，直到完全覆蓋過雞肉。放入冷藏室中保存，要在約2週內食用完畢。

香煎油封雞腿肉
Sauté de confit de cuisses de poulet

　　將完成的油封雞腿肉放入平底鍋中煎烤。將雞皮煎至酥酥脆脆，創造出截然不同的美味。煎製肉身時，感覺像是要恢復燉煮的狀態。因為雞肉不會釋出水分，所以很容易燒焦，請多加留意。

1 —— 將保存備用的油封雞腿肉取出。排放在平底鍋中，將腿排肉的皮面朝下。

2 —— 用中火加熱，邊煎邊搖晃平底鍋或是用調理夾把雞肉夾起。去除多餘的油。

3 —— 邊澆淋熱油邊將整體加熱。

4 —— 當腿排肉的皮面煎成漂亮的金黃色、變得酥酥脆脆時，將雞肉翻面即完成。

Bonne idée

製作油封料理後留下的油脂和肉汁，都可以小心地再重複利用。白色的油脂層除了可以用於下次製作油封料理，還可以像奶油一樣用來製作香煎雞肉或蔬菜；油脂下面的褐色肉汁是鮮味的精華，冷藏後會呈現果凍狀，只需融化就會變成美味的醬汁。

Le Mange-Tout

Chapitre 5

絕品燉煮料理
傳統料理的潛力

「聽好了，谷！法式料理中，即使時代變遷也不會改變的是家庭料理和地方料理。」至今我仍然記得，第一次工作的某家餐廳師傅，不斷重複教導我的這句話。現在更是深切感受到果真是如此。擁有超越時代的潛力的料理極為出色，而且非常美味。所謂傳統聽起來似乎有點誇大其詞，卻是累積了烹調者花費的心思，或是對享用者的關愛所形成的結果。在沒有冰箱的年代，燉煮料理也是一種保存食品，這正是現在所說的「常備菜」之原點。因為可以預先準備，所以最適合作為家庭用來招待的宴客料理。而且燉煮料理值得大書特書的優點就在於，它是隔天可以加以自由變化的料理。將煮得很美味的煮汁保留備用，如果淋在煎製好的肉上，就成了絕品醬汁。一道燉煮料理，煮了2次、3次還是很美味。燉煮料理是隱藏了多種可能性的萬能料理。

「煮」出美味料理的 5 個訣竅

法式料理中的烹煮料理包含了燉煮料理和湯品。尤其是燉煮料理，有的需預先調味後靜置入味再慢慢地燉煮，是一種靠時間烹調出的美味。

也有很多像法式燉肉鍋（Pot-au-feu）、法式燉肉（Potée）以及濃湯（Potage），這類用「鍋子（Pot）」製作的料理。

1 │ 將肉確實、仔細地預先調味

有許多的肉類燉煮料理，即便是製作當天新鮮現燉仍然不是很美味。肉必須用鹽或胡椒預先調味，覆蓋保鮮膜後放在冷藏室靜置至少一個晚上。這是因為調味料在燉煮的過程中不易入味，所以必須在這個階段讓味道滲入肉的內部。此外，因為肉會釋出含有鮮味的水分，所以想讓肉再度吸收這些水分。因此，嚴禁使用廚房紙巾覆蓋！不然美味的水分會被吸光光喔。

在預先調味的作業中，確實、仔細地揉搓入味也很重要。與只是單純地撒上鹽的成品相較，兩者的鮮味和口感截然不同，是別有洞天的美味。

燉煮料理與其在製作完成的當天享用，不如靜置1天後讓煮汁滲透食材會更加美味，所以狀況允許的話，請在品嚐的前一天燉煮吧。

2 │ 等到浮沫凝結！

燉煮肉類時會釋出大量浮沫。它的真面目是血水等蛋白質。請將浮沫撈除乾淨，只享用食材的純粹鮮味吧。

在此有個需要注意的事項。即使出現浮沫也不要立刻撈出來！請稍微耐心等待。不要著急。溫和冒著小泡的沸騰狀態，也就是法文中的「mijoter（煨）」，浮沫就會自然地浮上來。如果煮到咕嚕咕嚕滾滾沸騰的狀態，雖然會很快就釋出浮沫，但卻會讓煮汁變混濁，所以請避免這麼做。

待蛋白質凝固、煮汁變得清澈之後，即可無所顧慮地迅速撈除浮沫。這樣一來，就能煮出清澈又非常美味的煮汁。

此外，浮沫在凝結之前會溶解，所以如果太早撈除浮沫，煮汁會變得混濁，或者是「浮沫會引出更多浮沫」而接二連三地冒出來。無論怎麼撈都很難撈乾淨。

3 煮汁進入肉的纖維後，肉會變得柔軟

「該燉煮到什麼程度呢？」當被問到這個問題時，我都會回答：「燉煮到肉變得軟嫩為止。」此章節將為大家介紹的法式燉肉鍋和法式燉肉等料理，要用小火燉煮大約2～4小時。想像一下，熱騰騰的煮汁在燉煮期間滲透肉的一根根纖維間，即使是再堅硬的肉塊也會在纖維崩散後變得柔軟。

此外，如果煮汁保有濃稠度，就會一點一點地滲入纖維中、停留在那裡，因此鮮味不易流失，還能同時鎖住水分，烹煮出濕潤多汁的肉質。增加濃稠度有幾種方法，有時是在脂肪較少的小腿肉上撒滿麵粉，有時則是利用豬肩肉的脂肪將煮汁乳化。

4 燉鍋要保有大而充裕的空間

要烹煮出美味的燉煮料理，鍋子的大小也很重要。如果鍋子的空間很侷促，肉會重疊在一起而毫無空隙，煮汁就無法充分地接觸到疊合面。因此選用的鍋子內徑和深度，要足以讓熱騰騰的煮汁充裕地流過肉和肉之間，讓整體均勻受熱。

順帶一提，煎製雞肉的時候，要將皮面側朝下放入鍋中；但燉煮時因為整體都會受熱，所以不一定要這麼做。

5 肉的周圍要布滿煮汁

在燉煮的過程中，我們能插手的事情不多，只能等待肉變軟。但是單就這一點，我希望大家做到2件事。

第1件事是不要將肉塊分開，留出空隙。其用意與4相同。尤其是剛開始烹煮、肉的蛋白質尚未煮熟的時候，肉塊很容易相黏，所以請務必要這樣做。此外，當煮汁變少後要不時將肉塊上下翻面，讓因接觸空氣而變乾的部分浸泡煮汁，這點也很重要。

第2件事，要不時搖晃鍋子，讓食材底下布滿煮汁。我對整個燉煮過程的想像畫面是：食材漂浮在煮汁中並全面包覆著煮汁，在此狀態下加熱。這點與香煎料理相同。因為如果食材在緊貼著鍋底的狀態下一直加熱，就很容易會燒焦。

法式燉肉鍋
Pot-au-feu

法文Pot-au-feu照字面直譯的意思是「火上鍋」。雖然在大家印象中的這道料理，可能是用牛肉塊和洋蔥、胡蘿蔔、西洋芹等蔬菜咕嚕咕嚕燉煮而成的，但是我的作法是刻意不使用蔬菜。單純只用牛肉！這麼做的原因是，對法式燉肉鍋這道料理而言，燉肉時熬煮出的煮汁（牛肉高湯）才是真正的主角。煮汁一定要純淨、清澈！因此，我不放入蔬菜。這就是法式燉肉鍋和法式燉肉（參照p.162）之間最大的差別。製作這樣的法式燉肉鍋，最適合的肉就是小腿肉。由於是牛隻經常活動的部位，所以牛筋發達結實，不適合用來煎烤。可是，燉煮時，可以引出其膠質和鮮味，雖然只是用水熬煮，卻能煮出最棒的牛肉高湯，肉質也變得柔嫩可口。單純而鮮味豐富的味道，展現出牛隻活動部位的深厚潛力。

【材料】(3～4人份)

牛小腿肉……850g

A ｜ 黑胡椒粒
　（用鍋底等大致壓碎）……2.5g
鹽……25g
細砂糖……27g

水……適量

粗鹽、第戎芥末醬……各適量

🍳 直徑22㎝的鍋子

這個食譜中使用了牛小腿肉重量3%的鹽，但是人對鹽的感受程度會隨著所使用的部位而不同，所以最好因應各個部位調整用量。例如，使用牛大腿肉時，因為煮熟後肉質會變得乾柴，很容易感受到鹹味，所以要減少鹽的用量；而脂肪較多的部位，因為難以感受到鹹味，所以要增加鹽的用量。

1 —— [烹調前3天～1週]將牛小腿肉分成6～7等分，放入調理盤中，將A混合以製作預先調味用的調味料。

2 —— 將A撒在牛肉上，用手揉搓讓預先調味能充分入味。搓揉的力道要控制在不會使牛小腿肉塊變形的程度。

3 —— 當肉的表面滲出水分而變得濕潤時，覆蓋保鮮膜，放在冷藏室中醃漬至少3天、最多1週，讓味道充分滲透到內部。醃漬完成的標準為呈現深紅色且肉質緊繃的狀態。

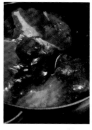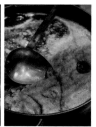

4 —— 將3放入鍋中，倒入大約蓋過肉塊的水量（約1.5ℓ），用大火加熱。沸騰後轉為中火，保持稍微煮沸的狀態。因為浮沫會浮到表面，邊用湯勺背面將浮沫集中在一處，靜待浮沫凝結。

5 —— 待浮沫凝結並且煮汁變得清澈後，就撈除浮沫。用湯勺無所顧慮地撈起。浮沫在凝結前會溶解在水中，所以煮汁會變濁，因為會接連不斷地浮出來，所以要靜待撈除的時機。

6 —— 將火轉小，保持稍微冒泡的微滾狀態繼續煮。若水分減少就補加水，讓肉塊保持浸在煮汁中的狀態。

7 —— 時而轉為大火使煮汁沸騰，接著轉為小火，以稍微煮沸的狀態使浮沫凝結再撈除。將火轉小繼續煮。反覆進行此工序。

8 —— 讓煮汁保持稍微煮沸的狀態，繼續燉煮片刻，當牛筋煮熟後會變得透明。過程中若水量變少就補加水，煮至肉塊變軟為止（燉煮時間3小時左右）。

9 —— 將牛肉和煮汁盛盤，可以準備粗鹽和第戎芥末醬附上。肉塊可在隔天剝散做成沙拉，或是將表面煎烤酥脆也會很美味，所以最好多做一點備用。

啤酒燉
牛五花肉
Carbonade

　　這是一道比利時料理，正統作法是在炒洋蔥加進麵粉之前，先加入白雙糖使其焦糖化，做出濃厚的甜味。我的食譜則是以炒洋蔥的甜味、甜口奇美啤酒和白蘭地的濃醇成為味道的關鍵。除了牛五花肉之外，改用豬肉也會非常對味。其他如牛小腿肉、脂肪較少的豬五花肉等也都很適合。無論如何，最重要的是要將肉的每一面都充分煎製出金黃色澤。

奇美啤酒＜ CHIMAY ＞

奇美啤酒是比利時啤酒的代表品牌。其中，我要推薦的是帶有水果的香氣和完熟香醇，味道清爽的甜口Rouge（通稱「紅」）。思及此料理的出處，於是就使用奇美啤酒。

【材料】（4～5人份）

牛五花肉塊
　　……去筋去脂後950g
鹽……9.5g（肉的1%）

[炒洋蔥]
洋蔥……3個（600g）
奶油……20g

高筋麵粉……15g
雞骨湯……500㎖
奇美「紅」啤酒……750㎖
白蘭地……50㎖
奶油……20g
馬鈴薯泥（參照p.110）……適量

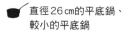　直徑26㎝的平底鍋、
　較小的平底鍋
　內徑21㎝的深鍋

1 ── 如果牛肉塊中有筋或是大塊的脂肪就切掉。整體撒上鹽搓揉入味後，在冷藏室中放置一個晚上。最多放置1週的時間。

2 ── 牛肉經過燉煮之後，大小會變成原本的2/3左右，所以根據完成時想要的大小，將牛肉塊切得稍大一點。

3 ── 將2的脂肪朝下放入平底鍋之中，用大火煎製。依序從較厚的肉塊開始煎，間隔時間放入鍋中。放滿後轉為中火，讓牛肉釋出油脂。煎3～4分鐘後翻面，吸掉釋出的油脂。慢慢煎製時要經常保持肉的底下布滿油。當肉質變得緊繃後，平底鍋裡若有空間就加入較薄的肉塊，依照相同的方式煎製。

4 ── 在煎肉的空檔，用深鍋製作炒洋蔥（參照p.081的1）。炒好之後加入麵粉，以中小火炒至鍋底形成一層薄膜。邊炒邊將其攤開撥散以免變硬，千萬不要炒焦。炒至粉粒消失、香氣產生變化，在將近燒焦前（中間照片）倒入雞骨湯。刮動鍋底，用打蛋器攪拌溶勻使結塊融化。

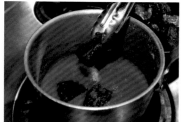

5 ── 煎製3的牛肉的上方、下方與側面。每次都要吸掉釋出的油脂。煎出令人食指大動的金黃色澤後，加入4中。倒入啤酒與白蘭地，用中火煮2小時左右。不時從底部翻拌，若水分變少就補加水（分量外）。

6 ── 煮2小時左右就取出牛肉，撈除浮出的油脂。這些不是鮮味，而是雜味。將鍋子傾斜會比較容易舀取。

7 ── 在較小的平底鍋之中放入奶油，用大火加熱，製作榛果奶油（參照p.236）。

8 ── 將6的煮汁煮沸後加入7，迅速攪拌。放入少許黑胡椒（分量外）攪拌。將牛肉塊盛盤，淋上煮汁並附上馬鈴薯泥。

白醬燉雞

Ragoût de poulet à la crème

　　雞肉放入冷水中煮，這是煮肉時的不變鐵則。接在雞肉後加入的是煮散了也無妨的香味蔬菜。雞肉的鮮味加上香味蔬菜的風味，結合成雞肉高湯。將奶油麵糊用此雞肉高湯稀釋的話，瞬間成為正統燉菜的基底。因為燉菜的濃稠度可以依照個人的喜好調整，所以請視情況增減雞肉高湯的量。雖然最後收尾時是倒入鮮奶，但是如果趁這時也加入炒過的咖哩粉，就會變成了咖哩燉菜。

【材料】（5～6人份）

雞腿排肉……2支（600g）
洋蔥……1小個（150g）
胡蘿蔔……1根（160g）
馬鈴薯……2個（300g）
蘑菇……10朵（100g）
蕪菁……1又1/2個（150g）
花椰菜……1/2株（100g）
青花菜……1/2株（100g）
四季豆……100g
鹽……3g

[奶油麵糊]

奶油……100g
高筋麵粉……100g

雞骨湯……1.6～1.8ℓ
鮮奶……200㎖
黑胡椒……適量

🥘 內徑24㎝的深鍋

1 ── 在雞腿排肉的肉身側撒鹽搓揉入味。靜置在室溫中30分鐘以上，接著切成4等分。

2 ── 將洋蔥切成月牙狀，胡蘿蔔與馬鈴薯切成滾刀塊，蘑菇切對半。蕪菁帶皮切成8等分，較小的則切成6等分。花椰菜與青花菜分成小株（參照p.239）。四季豆切對半。

3 ── 將雞骨湯1.6ℓ、1加入鍋中，用大火加熱。雞肉塊之間要留有空隙，以免相黏。煮沸時會出現浮沫，但是要靜候片刻等浮沫凝結，變成褐色後再一口氣撈除。轉為中大火後放入洋蔥，煮3分鐘左右。待洋蔥變軟就放入胡蘿蔔，再煮5分鐘左右。當胡蘿蔔可以用竹籤輕易刺入時，放入蘑菇煮2～3分鐘。以網篩過濾，將食材和湯汁分開。這個湯等同於雞肉高湯。此時的湯量為1.4～1.5ℓ。

4 ── 鍋子洗淨後放入奶油，用小火加熱，再放入麵粉一起炒以製作奶油麵糊（參照p.236）。加入3的湯，用打蛋器攪拌均勻。整體融合後轉為中火，改用木鏟從鍋底翻拌均勻。在加熱的過程中會慢慢變得黏稠。

5 ── 將3的配料放回4中，放入馬鈴薯一起煮。不時從鍋底翻拌。因為馬鈴薯很容易煮散，所以拌的時候要以刮動鍋底的方式，朝相同的方向刮數次，然後繞鍋子1圈。煮5～10分鐘待馬鈴薯變軟後，放入四季豆與蕪菁。如果擔心四季豆會有草腥味，也可以先汆燙後再加入。此時的黏稠度是淋在食材上時，會緩緩流下來的程度（下方照片）。喜歡清爽白醬燉菜的人，可在此時倒入200㎖的雞骨湯。

6 ── 倒入鮮奶，攪拌一下後放入花椰菜。待溫度變熱後放入青花菜，迅速攪拌即關火，利用餘熱煮熟。盛盤後撒上黑胡椒。

法式燉肉
Potée

　　法式燉肉（Potée）是將肉慢慢燉煮，品嘗其鮮味的料理，這是它與法式燉肉鍋（Pot-au-feu）的最大差別。為了帶出肉的鮮味，豬肉要先鹽漬。鹽的用量為豬肉的3%。在法國被稱為「petit salé」的鹽漬豬肉，是以保存為前提所發想的食譜，所以鹽分相當多。請放在冷藏室中靜置至少3天，可能的話靜置1週。排出多餘的水分、讓鹹味滲入肉中，熟成後滋味會變得更鮮美。然後法式燉肉最重要的是火候。維持表面微微晃動的程度燉煮，切忌煮到滾滾冒泡。煮汁中有豬肉所釋出的濃郁鮮味和鹹味，加入蔬菜燉煮也會釋出其水分，因此味道會達到恰到好處的平衡。不過，如果加入馬鈴薯一起煮的話，湯汁和風味都會變得混濁，所以只有馬鈴薯要另外煮！

【材料】(4人份)

[鹽漬豬肉]

豬肩肉塊……800g

A {
鹽……24g（肉的3%）
砂糖……12g（肉的1.5%）
黑胡椒……2.4g（肉的0.3%）
}

高麗菜……1/2顆（370g）
洋蔥……1又1/2個（300g）
胡蘿蔔……2根（320g）
西洋芹……1根（120g）
馬鈴薯……2個（300g）
四季豆……200g

B {
黑胡椒……適量
第戎芥末醬……適量
鹽……適量
}

🍲 內徑21 cm的深鍋

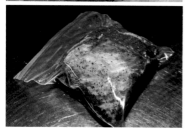

鹽漬豬肉的作法

將A放在缽盆中混合，撒在豬肉的表面搓揉入味。搓揉至釋出水分之後，裝入保鮮袋中排出空氣。在冷藏室中靜置1週或至少3天。待豬肉熟成、發酵後，顏色會稍微變深。

1 —— 在鍋子中加入大量的水（分量外）與鹽漬豬肉，用大火加熱。煮沸時會出現浮沫，但靜候片刻等浮沫凝結，變成褐色後一口氣撈除。撈除浮沫之後轉為小火，煮2小時左右。若水量減少時就補加水，讓豬肉保持浸泡在水中的狀態。

2 —— 高麗菜以及洋蔥保留芯，切對半。胡蘿蔔縱切對半，西洋芹去除硬梗後縱切對半。

3 —— 將高麗菜放入1中。煮10分鐘左右，接著放入洋蔥、胡蘿蔔與西洋芹，再煮40～50分鐘，直到變得軟爛為止。

4 —— 馬鈴薯用水煮過之後，去皮（參照p.237），再切對半。

5 —— 將四季豆放入3之中，煮10分鐘左右，食材都變軟即完成。將鹽漬豬肉分切後，與4一起盛盤，附上B。

焗烤麵包

　　讓長棍麵包充分吸收清澈的湯汁。第2次加入的湯不要蓋過食材。食材表面要確實烘烤，烤得酥酥脆脆、香氣四溢，就能享受到與裡面濕潤的口感所形成的對比。請依照喜好調整食材和長棍麵包的比例。

【材料】

法式燉肉（食材、湯）……適量
長棍麵包……適量
帕瑪森乳酪（磨碎）……適量

　　1 —— 將法式燉肉靜置一晚，去除浮在表面已凝固的油脂。食材切成一口大小。長棍麵包先切成寬1cm的薄片，再切對半。

　　2 —— 將長棍麵包放入缽盆中，倒入湯汁使其滲入長棍麵包中（照片a）。加入食材沾裹湯汁（照片b）。

　　3 —— 將2放入焗烤盤中，倒入湯直到焗烤盤高度的2/3左右（照片c）。撒上帕瑪森乳酪。先以微波爐（600W）加熱，再用小烤箱充分烘烤出焦色。

法式燉肉 ▶ Déclinaison

尼斯沙拉風冷盤

此為冷盤料理，是將法式燉肉中的水煮馬鈴薯、四季豆搭配鹽漬豬肉的
肉片組合而成。加入番茄、水煮蛋與鯷魚之後，就像是尼斯沙拉。請在含有
芥末的法式油醋醬中，添加帶有法國南部香氣的橄欖醬。在盤中混拌均勻後
即可享用。

【材料】

法式燉肉（只有食材）……適量

水煮蛋……適量

法式油醋醬（參照p.184）……適量

A ｜ 鯷魚（魚片）……適量
｜ 綠橄欖（參照p.235油封大蒜綠橄欖）……適量
｜ 半乾番茄（參照p.235）……適量

橄欖醬（參照p.210）……適量

1 —— 將法式燉肉的食材、水煮蛋切成容易入口的大小。

2 —— 將1盛盤，淋上法式油醋醬並撒上 A，附上橄欖醬。

紅酒燉牛肉
Bœuf bourguignon

　　法文的 boeuf 是指牛肉，bourguignon 則是勃艮第風味的意思。原本是使用勃艮第產的紅酒製作，但我並未在此使用。勃艮第紅酒的色澤鮮豔、香氣高雅清淡，是拿來飲用的絕佳美酒，但是用於燉煮料理又會是如何呢？要用來製作料理的話，與勃艮第紅酒有著不同特色的卡本內蘇維翁紅酒，我認為絕對會更加適合。如果時間充裕的話，燉煮過後靜置一個晚上，隔天重新加熱才做最後收尾，將會有格外特殊的風味；如果只靜置一個晚上的話，燉煮時間也是 3 小時左右就 OK。最後，還有一個專業級的祕技要傳授給各位。將醬汁過濾到「酒之鏡」（p.237）時，只要加入磨碎的大蒜，便可帶出更有深度的美味，令人讚不絕口。

【材料】（3～4人份）

牛五花肉……600g

紅酒（醃漬用）……500㎖

油……30g

高筋麵粉……5g

A｛ 紅酒（煮汁用）……300㎖
水……300㎖

紅酒（「酒之鏡」用）……200㎖

B｛ 溶於水的玉米粉……1小匙
（＊水與玉米粉以10：1的
比例混合均勻）
鹽……2g
黑胡椒……少量
榛果奶油（參照p.236）……10g

＊紅酒共計使用1ℓ

🍳 直徑26㎝的平底鍋

🍲 直徑21㎝的鍋子、小鍋

1 —— 將牛肉切成較大的肉塊，加入500㎖的紅酒後，放入冷藏室中醃漬一個晚上。

2 —— 用網篩過濾1。因紅酒還能使用，請先保留備用。此時的紅酒呈現混濁狀態。

3 —— 將2的紅酒倒入鍋中，用大火加熱。輕輕攪拌使其均勻加熱，讓溶解在紅酒中的牛肉蛋白質凝結。煮到快要溢出鍋子時將火轉小，等待浮沫聚集凝結。取2個錐形過濾器（或是網篩），中間夾著廚房紙巾相疊，過濾紅酒。過濾後的紅酒混濁感消失，出現透明感。

4 —— 在平底鍋中加入油以及2的牛肉，用大火加熱。此時會釋出相當多的水分，要煎至收乾水分。偶爾翻面，使肉塊沾裹油，同時煎出令人食指大動的金黃色澤。

5 —— 將4移入鍋中，加入作為增稠劑的麵粉攪拌，用中小火炒至鍋底形成一層薄膜。

6 —— 加入3與A，用大火加熱。煮沸後轉為中火，浮沫出現就撈除，用小火至少煮3小時。若在浮沫浮出前就轉為小火，就會煮不出浮沫，請多加注意。若水分變少就補加水（分量外），讓煮汁蓋過肉塊。燉煮3小後靜置一個晚上最為理想。

7 —— 將紅酒放入小鍋中煮乾水分，製作「酒之鏡」（參照p.237）。

8 —— 加熱6，取出牛肉。

9 —— 用中火加熱8的煮汁，接著加入B，再用打蛋器攪拌均勻。

10 —— 將9過篩加入7之中攪拌，再將其加熱。將加熱好的牛肉盛盤，淋上醬汁。牛肉放在醬汁中加熱亦可。

```
┌─────────────────────────┐
│  由紅酒燉牛肉做成的 ▶      │
│      牛肉紅酒醬           │
└─────────────────────────┘
```

＊在冷藏室可保存1週。在冷凍庫可保存1個月（使用時再加熱）。

簡易乳酪義大利麵

　　這是可以盡情享用慢慢燉煮而成的牛肉紅酒醬之變化食譜。使用的義大利麵種類，我推薦使用筆管麵。麵管洞中會吸附滿滿的醬汁，吃起來很有嚼勁。如果沒有豬五花肉，只有醬汁也無妨。至於想再搭配其他的食材，蕈菇或任何肉類肯定會非常適合。

【材料】（1人份）

筆管麵……100g

豬五花肉……30g

油……1小匙

牛肉紅酒醬（參照p.167）……60g

紅酒燉牛肉的牛肉……120g

A ┌ 蒜油（參照p.234）……2小匙
　│ 黑胡椒……適量
　│ 鮮奶油（乳脂肪含量38%）……10g
　│ 鹽……1g
　└ 義大利荷蘭芹（碎末）……5g

帕瑪森乳酪（粉狀）……5g

🍳 直徑24cm的平底鍋

1 —— 豬肉切成1cm的丁狀。在平底鍋中加入油與豬肉，用小火炒出油脂的同時，慢慢地將豬肉炒至酥脆（照片a）。

2 —— 將筆管麵放入加了鹽（分量外）的滾水中，依照筆管麵的指示時間烹煮。

3 —— 在平底鍋中放入醬汁加熱。加入2與剁碎的牛肉，用中火加熱混拌（照片b）。接著加入A與1混拌。盛盤後，撒上帕瑪森乳酪。

紅酒燉牛肉 ▶ Déclinaison

法式小盅蛋

　　紅酒醬汁燉蛋是勃艮第的鄉土料理。當蛋受熱時，會從周圍的液態蛋白開始變白凝固，內側的濃稠蛋白也慢慢地逐漸凝固。完成品的蛋黃呈現半熟且黏呼呼的狀態，這就是其美味之處。湯匙一舀，熟度應該比看起來更熟。絕對非常適合搭配麵包、米飯和葡萄酒。

【材料】（3個份）

＊直徑8cm・容量130㎖的烤盅

雞蛋……3顆
奶油、鹽……各適量
紅酒……25㎖
牛肉紅酒醬
　（參照p.167）……50g

🥄 直徑24cm的平底鍋、小鍋

1 —— 將紅酒倒入小鍋中，製作「酒之鏡」（參照p.237），接著加入醬汁，繼續煮乾水分直到剩下半量左右為止。完成品的基準量為40g。

2 —— 將烤盅塗上薄薄一層奶油，撒上少許鹽。將蛋打入小缽盆中，確認是否未摻入碎蛋殼，再移入烤盅之中，注意不要將蛋黃弄破（照片a）。

3 —— 在平底鍋中倒入水，煮沸後放入烤盅，用中火加熱（照片b）。熱水的量為模具高度的一半左右。當周圍開始變白時，從爐火上移開，淋上1。

牛肉果乾塔

　　使用燉牛肉製作而成的奢華派塔。雖說如此，但因為這是道重製料理，所以標示的牛肉分量僅供參考，請使用實際剩餘的牛肉製作。不過，牛肉紅酒醬才是其美味的核心。因為匯集了色彩繽紛的食材，所以即使是少量也要小心處理。將不到一半的水果乾放入菇類汁液中浸泡，吸飽汁液軟化後風味和口感都會產生令人驚訝的變化。油酥塔皮是一種甜味和鹹味兩相宜的萬能塔皮。請務必品嘗自製食品的美味。

【材料】（模具1個份）

＊直徑16cm的塔模

蘑菇……75g

A ┌ 無花果乾……40g
　│ 杏桃乾……40g
　│ 蔓越莓乾……20g
　└ 葡萄乾……15g

「紅酒燉牛肉」的牛肉……140g
牛肉紅酒醬（參照p.167）……3大匙
奶油……10g
黑胡椒……適量
油酥塔皮（參照p.171）……1個

 直徑24cm的平底鍋

1 —— 蘑菇切對半。將大塊的A切成一小口的大小。牛肉也要切成一口大小。

2 —— 在平底鍋中放入奶油以及蘑菇，用中火炒。確實上色後關火，靜待水分釋出。

3 —— 將2用中火加熱，撒上黑胡椒。加入1/3量的A，讓果乾慢慢吸收蘑菇所釋出的水分，炒到水分收乾為止。

4 —— 將牛肉、剩餘的A(2/3量)排放於油酥塔皮中。均勻地放上3，再淋上牛肉紅酒醬。以高溫（200℃）的烤箱烘烤至表面上色為止。

油酥塔皮

【材料】（直徑 16 cm的塔模 2 個份）

奶油……100g

A
　低筋麵粉……100g
　高筋麵粉……100g

B
　水……50ml
　鹽……1g
　蛋黃……1/2顆（10g）

＊剩餘的1/2顆蛋黃用來刷底

準備

・將奶油切成1cm的丁狀，將全部材料放入冷藏室冷卻備用。

・將A混合後過篩。

1 —— 將A放入缽盆中，加入奶油。用手搓揉混合（照片a），直到變成黃色的鬆散狀態（照片b）。

2 —— 將B攪拌溶勻，加入1之中，從底部往上舀輕快地翻拌（照片c）。成團後用手按壓揉捏。用手指按壓，若壓下的洞不會恢復就OK了（照片d）；若會恢復，就表示揉捏過度產生筋性了。

3 —— 整理成一團後，用保鮮膜密封避免空氣進入，放入冷藏室靜置2小時（照片e）。

※麵團在這種狀態下可以冷凍保存。要使用時在冷藏室中解凍即可。。

4 —— 鋪好保鮮膜，取1/2量的3攤平，上方再蓋上一層保鮮膜。用這個方法的話不撒手粉也OK。用擀麵棍擀成2～3mm的厚度，大小要比塔模大上一圈（照片f）。

5 —— 取下上方的保鮮膜，拿住下方的保鮮膜，直接翻面放入塔模中。模具的角落也要確實地鋪進去，提起麵皮調整角度後，將麵皮服貼在塔模的邊緣，避免空氣進入。接著將保鮮膜蓋在塔模上面，從上方滾動擀麵棍以去除多餘的麵團（照片g）。完成後放入冷藏室中靜置10分鐘。

6 —— 用叉子在麵皮的底部輕輕戳洞（照片h）。在鋁箔紙塗上薄薄一層的奶油（分量外），用此面貼合蓋住麵皮，側邊也要漂亮地貼合。放入塔餅石（重石）約鋪到塔模的7分滿。因為是從外側加熱，所以讓正中央稍微下凹。

7 —— 烤箱先預熱至200℃，再降溫至180℃後，將塔模放入烘烤16分鐘，待微微上色時，取出鋁箔紙和塔餅石（照片i）。再烤12分鐘烤出焦色。將剩餘的蛋黃液薄薄地塗在塔皮的底部和側面（照片j）。蛋黃可以形成薄膜填平叉子戳出的孔洞，使水分不易滲入其中。

馬賽魚湯
Bouillabaisse

馬賽魚湯是由「快煮」、「關火」這2個動詞所組成的料理，是一道轉眼之間就能完成的料理。與漁夫料理的形象相符，充滿豪邁感與魅力。為了大啖海鮮的綜合鮮味，所以使用的魚種與食譜不同也無妨，將數種海鮮組合起來就是美味的祕訣。其他適合製作的海鮮包括石狗公、石斑魚、目張魚、螃蟹等。此外，添加義大利荷蘭芹和細葉芹等香草也很不錯。在馬賽當地的餐廳，會先提供法式魚醬汁，魚則稍後再端出，分成2次端上桌。

【材料】（3～4人份）

小銀綠鰭魚……2尾（600g）
真鯛……1小尾（600g）
星鰻……1尾（150g）
帶頭蝦子（草蝦）……6尾
鹽……5g
洋蔥……1/2個（60g）
大蒜……1大瓣（10g）
番茄……3個（390g）

A|
水……1ℓ
白酒……100mℓ
茴香酒（＊）……100mℓ
紅辣椒……1根
鹽……4g

番紅花……1瓶（0.4g）
蒜泥蛋黃醬（參照p.190）……適量
＊茴香系利口酒。

🍳 直徑24㎝的平底鍋

番紅花

番紅花是馬賽魚湯中不可欠缺的辛香料。然而通常用量很少，要拿捏使用的分量非常困難。這次我實際使用了0.4g裝的1瓶。

1 —— 魚類去除魚鱗和內臟後洗淨。用刀子在小銀綠鰭魚的背鰭和臀鰭處斜斜地往下切，連鰭帶骨全部取下。

2 —— 將魚類分成2～3等分，切成大塊。星鰻去除黏膜後，切成4等分。蝦子挑除腸泥。在魚類和星鰻上面撒鹽搓揉入味。

3 —— 將洋蔥和大蒜切成薄片。番茄燙過去皮（參照p.238），橫切對半之後去籽。

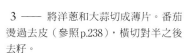

4 —— 將A、洋蔥及大蒜放入鍋中，用大火加熱。煮沸後加入小銀綠鰭魚及真鯛，蓋上落蓋。保持大火燜煮2分鐘，煮沸後立刻關火。

5 —— 加入番紅花，再次蓋上落蓋，煮2分鐘左右。

6 —— 加入蝦子、星鰻與用手捏碎後的番茄，再次蓋上落蓋。煮2分鐘左右直至蝦子煮熟，即可盛盤，佐上蒜泥蛋黃醬。

取自馬賽魚湯的醬汁 ▶
法式魚醬汁

＊在冷藏室可保存2～3天。在冷凍庫可保存1個月（使用時要加熱）。

西班牙海鮮燉飯

　　西班牙海鮮燉飯的發祥地是西班牙的瓦倫西亞地區，原文為 Paella，在加泰隆尼亞語中是平底鍋的意思。以稻米產地聞名的西班牙，這是其中一道具有代表性的鄉土料理。利用馬賽魚湯在隔天製作變化款料理，濃縮了海鮮的鮮味，創造出最棒的風味。若要加入蔬菜和肉類等食材的話，就和米粒一起炒。西班牙海鮮燉飯中的米粒，有些烹煮熟透、有些米心則是半生的，米飯的熟度理應不一。煮得「剛柔並濟」最剛好。

【材料】(3〜4人份)

米……250g
橄欖油……15mℓ
法式魚醬汁（參照p.173）……400g
馬賽魚湯的食材
　　……若有剩餘則取適量
＊這次是使用3尾蝦、
　　2片小銀綠鰭魚。

🍳 直徑22cm的鐵製平底鍋

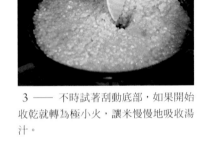

3 —— 不時試著刮動底部，如果開始收乾就轉為極小火，讓米慢慢地吸收湯汁。

1 —— 在平底鍋中放入橄欖油與米，用小火炒。

2 —— 炒至米變透明後倒入湯汁，用中火加熱，邊攪拌邊煮。煮沸之後轉為小火。

4 —— 煮30分鐘左右後，試著用湯匙碰觸底部，雖此時還未具鍋巴的硬度，卻是放上食材的好時機。

5 —— 放上食材後轉為中火，當煎出鍋巴就完成了。當聽到啪滋啪滋的聲音時，就是鍋巴開始形成的信號。

Bonne idée

西班牙燉飯

西班牙海鮮燉飯在西班牙當地，有不加入食材的版本。就是「Arroz」。因為使用了濃縮的法式魚醬汁烹煮，雖然簡單卻很奢侈。就像在吃完日本火鍋料理後的雜燴粥。在這道料理中，鍋巴飯的重要性遠勝於西班牙海鮮燉飯！烹調時請確認啪滋啪滋的聲音和鍋巴的香氣，並依照自己喜好來調整鍋巴狀況。

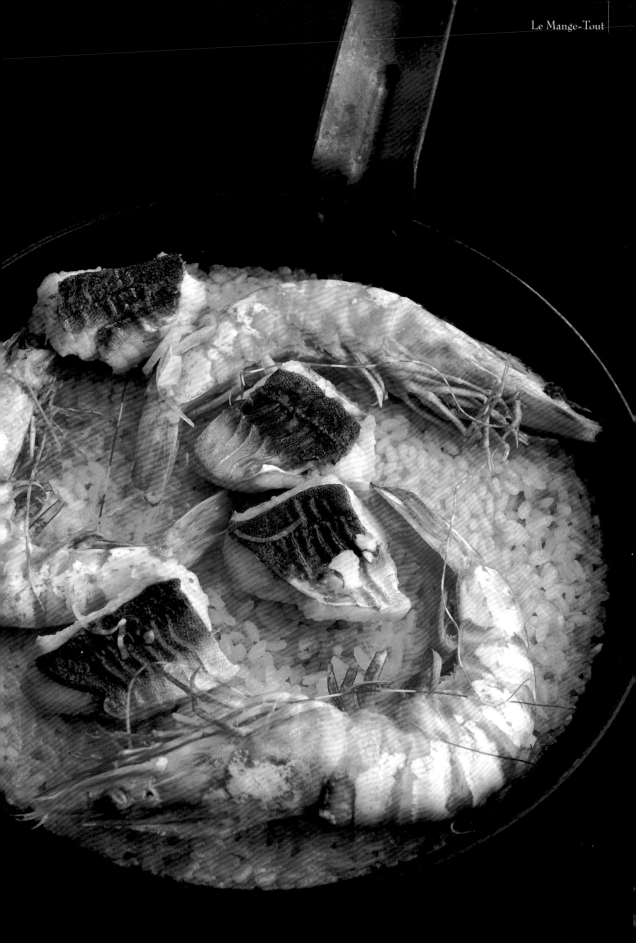

法式魚慕斯

　　這是使用法式魚醬汁製作出的另一道料理。是在我的店裡也非常受歡迎的慕斯，為了讓大家在家裡也能輕鬆製作，而修改了食譜的分量。魚絞肉請使用金線魚或鯛魚等市售食材。製作慕絲麵糊的所有工序都是重點！請遵循工序，按照食譜的指示進行，絕對可以做出鬆軟Q彈的絕品慕絲。除了法式魚醬汁之外，荷蘭醬（p.194）、貝亞恩斯醬（p.196）、番茄糊紅醬（p.198）等，也都與這款慕斯非常契合。

176

【材料】（12個份）

＊直徑5cm・容量50㎖的布丁模具

[慕絲]

魚絞肉……200g
鹽……2.5g
全蛋（蛋液）……2顆（100g）
奶油（恢復至室溫）……100g
鮮奶油（乳脂肪含量38%）……100g

[塗抹模具用]

奶油、高筋麵粉……各適量

[醬汁]

法式魚醬汁（參照p.173）……250g
茴香酒（＊）……60㎖
奶油……25g

＊茴香系利口酒。

3 —— 保留蛋液的1/10量左右備用，其餘分成4～5次加入2之中，每次加入時都要攪打。攪打至變得滑順後，暫時取出放入缽盆中。

4 —— 在已清空的食物調理機中加入已經回溫軟化的奶油，稍微攪打一下。一點一點地加入剩餘的蛋液，攪打至滑順為止。

7 —— 將6裝入擠花袋中，擠入1的模具中直到8分滿。將模具輕敲工作台以排出空氣，使表面平整。

8 —— 將網架放在調理盤中，放上7，注入滾水直到高度的極限，熱水量最好要達到與慕絲麵糊相同的高度。以100℃的烤箱隔水烘烤1小時。若過程中熱水減少就要補加滾水。

1 —— [慕斯]將奶油塗在模具中並撒滿麵粉，接著抖落多餘的麵粉。為了方便脫模，連角落也要確實塗撒。

5 —— 將3的魚絞肉分次加入4中，一次約2～3大匙，並且每次加入時都要攪打。全部加入後，少量多次地加入1/2量的鮮奶油，邊加入邊攪打。

9 —— 當表面出現小泡痕時表示烘烤完成。放涼後倒扣在手掌上脫模。如果不易脫模，可以朝著模具的邊緣吹氣。

2 —— 在食物調理機中加入魚絞肉與鹽，攪打出黏性。用鹽代替黏著劑，增強黏性。

6 —— 將5移入缽盆中，將剩餘的鮮奶油分成2次加入，每次都要從底部往上撈起，充分混合均勻。

10 ——[醬汁・最後收尾] 將法式魚醬汁和茴香酒倒入鍋中，用大火加熱，煮沸後加入奶油使其乳化。即使不用打蛋器等器具攪拌，只要在魚湯咕嚕咕嚕沸騰時加入奶油，就會自然乳化。煮乾水分直到剩下半量左右。將慕斯盛盤，淋上醬汁。

匈牙利牛肉湯
Goulache

　　這是一道燉肉湯品，使用牛肉、洋蔥和同樣源於匈牙利的紅椒粉製作而成。製作的大前提是，要燉煮的肉塊必須先充分煎出焦色。否則，在燉煮期間會因焦色在表面溶解掉，就做不出令人食指大動的成品了。而且，煎出焦色後也比較不會出現浮沫。最後的煮汁在煮乾水分時不要煮得太濃稠，我認為稍微清爽一點會與燉肉較為相配。希望讓煮汁清澈一點，因此並未加入馬鈴薯一起煮，而是作為配菜附上。

【材料】（4～5人份）

牛大腿肉……去筋850g

鹽……8g（肉的1%）

洋蔥……1個（200g）

油……2大匙

紅椒粉……10g

黑胡椒……適量

水……700ml

水煮番茄罐頭……1罐（400g）

馬鈴薯（五月皇后）……2個（300g）

＊馬鈴薯水煮後去皮，切成適當的大
　小（參照p.237）

🍳 直徑26cm的平底鍋

🍲 直徑21cm的深鍋和淺鍋

3 —— 加入洋蔥，用中火炒，讓洋蔥
吸收牛肉的油脂。炒至油脂滲入切口且
吃起來也美味為止。

4 —— 放入紅椒粉與黑胡椒一起炒，
炒出香氣後移入深鍋中。

7 —— 當燉煮到肉塊纖維散開並變軟
時，將肉取出。

8 —— 用錐形過濾器過濾煮汁，倒入
淺鍋中。用湯勺等按壓，擠出煮汁。

1 —— 牛肉切成稍大的一口大小。撒
鹽搓揉入味，靜置於室溫中1小時。洋
蔥切成滾刀塊。

5 —— 在炒過牛肉的平底鍋之中倒
入500ml的水，刮下沾黏在鍋面上的鮮
味，接著加入番茄罐頭，大略搗碎。

9 —— 將煮汁用大火煮乾水分，若
出現浮沫就待其凝結後撈出。將牛肉盛
盤，淋上煮汁，再附上另外烹煮好的馬
鈴薯。

2 —— 在平底鍋中倒入油，燒熱之後
放入牛肉，用大火炒。不斷地翻面煎至
收乾，炒成令人食指大動的金黃焦色。

6 —— 將5與200ml的水加入4的鍋
中，用大火加熱。煮沸後轉為小火，出
現浮沫就撈除，煮2個半小時再靜置30
分鐘。過程中，若煮汁減少就補加水，
避免讓肉塊露出煮汁。

由匈牙利牛肉湯做成的醬汁▶
牛肉紅椒醬汁

＊在冷藏室可保存3天。在冷凍庫可保
　存1個月（使用時要加熱）。

匈牙利牛肉湯 ▶ Déclinaison

法式紅椒牛肉凍

用匈牙利牛肉湯所做出的變化料理是肉凍。理想的肉凍應該是凝凍的部分較少，而食材的部分緊實地放滿。可以加入大量的紅甜椒也無妨，亦可以用普羅旺斯燉菜等代替匈牙利牛肉湯中的牛肉也不錯。在冰鎮凝固的過程中倒入溫熱的醬汁，是做出漂亮成品的技巧。肉凍稍微融化之後，更能融合為一體。用鋁箔紙將成品包捲起來，不但可以防止變形，也更方便切開。

【材料】（1 模份）

＊寬8cm×長25cm×深6.5cm，容量1200ml的長方形模具

紅甜椒……4大個（去皮去籽300g）
牛肉紅椒醬汁（參照p.179）……300g
匈牙利牛肉湯的牛肉……430g
吉利丁片……15g（液體的5%）

🍳 直徑21cm的鍋子

＊準備
・冷卻醬汁，使牛脂凝固備用。
・吉利丁片浸泡在冰水中泡軟。

1 —— 將紅甜椒火烤去皮（放在烤網上用大火烤得焦黑，然後泡在冷水中冷卻後去除焦黑外皮）。去除籽、蒂頭和白色皮膜，再切成3cm的方形。

2 —— 過濾牛肉紅椒醬汁，再去除牛脂。將醬汁與牛肉加入鍋中，用大火加熱，使牛肉吸飽醬汁而膨脹。放入紅甜椒加熱後，加入吉利丁片攪拌均勻。

3 —— 在模具中噴水，鋪上保鮮膜。角落也要確實鋪好貼合，以免空氣進入，接著倒入2。此時要先預留2的醬汁約50ml備用。

4 —— 上面也要覆蓋保鮮膜，再蓋上與模具形狀相符的板子（保麗龍或厚紙等）。將網架疊在調理盤上，放上模具後放入冰塊。

5 —— 在板子上放置重物（上方照片使用的是罐頭），然後在冷藏室中冷卻1～2小時左右，直到表面凝固為止。

6 —— 掀開保鮮膜，將之前保留備用的醬汁加熱後倒入模具中。不覆蓋保鮮膜，直接放入冷藏室中冷卻至表面凝固，再覆蓋保鮮膜繼續冷卻凝固。

7 —— 取下模具中的保鮮膜，包上新的保鮮膜，接著邊用鋁箔紙塑形邊包捲起來。若要加以保存的話，也是以此狀態保存。

8 —— 連同鋁箔紙切成喜好的厚度，取下鋁箔紙和保鮮膜後即可盛盤。

濃醇和鮮味的調味料

乳酪

　　我主要使用的乳酪有以下4種。

● **羅克福乳酪（左上）**是世界3大藍黴乳酪之一，具有其他乳酪無法取代的獨特風味和壓倒性的存在感。我會把它加入歐姆蛋中，或是切成丁狀，取代沙拉醬與蔬菜組合在一起，或是加入牛排的醬汁中。

● **康堤乳酪（右上）**在法國東部的侏羅山脈製作熟成的硬質乳酪。它是法國最受歡迎的乳酪。風味絕佳且豐富，不會像羅克福乳酪一樣左右料理味道，是不可或缺、創造美味的知名配角。

● **格律耶爾乳酪（右下）**原產於瑞士的葛瑞爾地區，在法式料理中，用於法式鹹派、焗烤洋蔥湯。如果想要做出入口即化的口感，就使用格律耶爾乳酪。

● **帕瑪森乳酪（左下）**為義大利乳酪之王。它是超硬質乳酪，胺基酸的含量最高，鮮味濃郁。每次使用時，可以削碎或是用磨粉器研磨成粉末。在想要充分發揮其獨特風味時使用。

芥末籽醬

　　如果必須增添更多的香氣，就要使用芥末籽醬。以沒有磨成粉末的褐色芥末所製成，所以會比第戎芥末醬更濃烈（p.074）。

紅酒醋

　　當想要煮出深邃的濃醇味道時非常方便，例如製作燉煮料理等。因為在製作的過程中使用了葡萄皮，所以味道強而有力。以前我都是用白酒醋製作油醋醬，後來改用紅酒醋會更有存在感一點。雖說如此，還是可以用白酒醋或米醋代替。我認為最好是使用手邊現有的東西來製作。

鯷魚（魚片）

　　將鯷魚鹽漬之後，經過熟成、發酵，加入橄欖油製成的保存食品。它是普羅旺斯料理中不可缺少的食材，最具代表性的作法有用於尼斯沙拉、橄欖醬和鯷魚抹醬等。我使用的是魚片類型，目的是為了做出濃醇的味道。也請好好利用其醃漬汁。可以將剩餘的魚片浸漬在橄欖油中備用，用來塗抹三明治，或是放在生菜上面享用都OK。作為調味料使用時，可以使用膏狀的鯷魚醬。

雪莉酒醋

　　雪莉酒醋對於酸味強烈的醬汁和料理來說是不可欠缺的。芳醇的味道、略低的甜度和圓潤的風味是其魅力所在。可以單獨使用，也可以加入紅酒醋中使用。與油醋醬也很相配，十分美味。

韭蔥

　　韭蔥的英文稱為「leek」，法文稱為「poireau」，在日本則稱為「PORONEGI（ポロねぎ）」。目前，日本除了從比利時和荷蘭進口之外，也有日本產的韭蔥。與日本蔥相較之下，韭蔥黏液較少，加熱後會有強烈的甜味與鮮味。如果要找代用品的話，日本的下仁田蔥是最近似的選擇。

酸黃瓜

　　酸黃瓜的原料是極小的小黃瓜。通常作為醃漬物（用醋醃製）販售。只使用鹽和醋製作而成，特色是沒有甜味的強烈酸味。主要用來搭配肉類料理，酸味可以突顯出肉類的風味。

Chapitre 6

使風味更深邃的醬汁
和自製調味料

我尊敬的前輩總是這麼說:「聽好了,谷!法式料理的靈魂是醬汁。」30多年前,我們任職的餐廳廚房秉持的是醬汁至上主義。由於醬汁是以雞或牛的高湯(fond)為基底,所以完成之前的工序不計其數,而且也有近乎無限多的變化版本。不久後我的立場也成為了站上料理學校講台的講師,我騰出很多時間教導醬汁的相關知識。不過到頭來,我自己現在更注重的是「自製調味料(condiment)」。這是一種手作的調味料。大家所熟悉的蛋黃醬和沙拉醬也是出色的醬汁。也不會用到麻煩的高湯!在最後一章中,我將為大家介紹能為前幾章的簡易料理增添深度的醬汁和自製調味料。只要學會這些就能「如虎添翼」,做出美味的料理。

～倍感親切的萬用型～

所謂乳化指的是原本無法互相融合的食材，例如水和油，經過充分混合後能夠均勻融合的狀態。具代表性的乳化醬汁為油醋醬，除了可用於沙拉之外，與肉類、魚類的搭配度也很高，實際上是一種萬用醬汁。如果加入蛋黃，就是大家所熟悉的蛋黃醬；加入大蒜，就成了蒜泥蛋黃醬；添加奶油，可以衍生出荷蘭醬、貝亞恩斯醬等等更濃郁的醬汁。

法式油醋醬
sauce vinaigrette

雖然名為醬汁，但一般是以沙拉醬之名而廣為人知。只需改變醋和油的種類，就能自由自在地創造出各種變化。我基本上是使用加入芥末醬的芥末法式油醋醬。不僅可以用來搭配蔬菜，如果用於肉類或魚類料理，當酸味和香氣互相結合後，可以做出更高級的料理。如果擅自認定只能用於搭配沙拉，那就太可惜了！

【材料】（方便製作的分量）

　｜紅酒醋……40㎖
A｜第戎芥末醬……20g
　｜鹽……3g
橄欖油……120㎖

＊不建議保存。每次需要時才製作。

1 —— 將A加入果汁機中攪拌使其融合。或是放入缽盆中，以打蛋器充分研磨攪拌。

2 —— 分次少量地加入橄欖油，同時轉動果汁機，攪打至變得濃稠、使其乳化為止。

▶ 使用 [法式油醋醬] 製作的

油醋嫩煎牛舌魚

　　製作法式嫩煎料理，沾裹的麵衣只需要極薄的一層，讓人不禁心想「這麼薄可以嗎？」的程度。不用擔心，這是為了將表面煎得很酥脆。若麵粉太多的話，在煎製的過程中就會剝落。而且需要用較多的油來煎，才會更接近理想中的口感。傳統的法式嫩煎料理會搭配榛果奶油一起享用，但是它與帶有酸味的法式油醋醬也非常對味！在煎得酥酥脆脆、熱騰騰的時候，淋入法式油醋醬，一氣呵成地完成此道料理。

【材料】（2 人份）

牛舌魚……2尾（200g）
高筋麵粉……適量
法式油醋醬（參照左方作法）……30㎖
獅子唐菜椒……20根（80g）
醬油……5㎖
鹽……2.5g
橄欖油……40㎖

🍳 直徑26cm的平底鍋

1 —— 剝除牛舌魚兩面的皮，撒上2g的鹽，輕輕搓揉入味。撒滿麵粉，再拍除多餘的麵粉。

2 —— 在平底鍋中倒入30㎖的橄欖油，將1皮較厚的那面朝下放入鍋中，用大火煎，也要經常保持魚肉底下布滿油的狀態（照片a）。魚肉釋出油脂之後，用廚房紙巾擦掉多餘的油脂。

3 —— 煎出令人食指大動的金黃色澤後翻面，倒入5㎖的橄欖油，用中火煎。用手指按壓魚骨邊緣，如果感覺會啪地裂開時（照片b），就倒入法式油醋醬，使之迅速沾裹在魚肉上。

4 —— 在另一個平底鍋中加入5㎖的橄欖油與獅子唐菜椒，用大火加熱。煎至出現焦色之後，撒上0.5g的鹽並攪拌一下，再沿著鍋壁以畫圓的方式淋入醬油，沾裹在魚肉上。與3一起盛盤。

▶ 使用 [法式油醋醬] 製作的

豬肉丁綜合葉菜沙拉

　　將豬肉放入帶油的滾水中烹煮，使用了類似於中華料理的技法。不過，這麼做不是為了提高沸點，而是為了增添風味。因此，適合選用帶有果香的橄欖油等具有獨特個性的油品。趁豬肉還熱騰騰時加入油醋醬沾裹豬肉，使其充分入味。為了避免折斷葉菜類蔬菜沙拉中的葉子，將法式油醋醬以畫圓的方式沿著缽盆邊緣倒入，輕柔地為蔬菜裹上醬汁。

【材料】(2 人份)

豬肩肉薄片……200g
橄欖油……適量（30㎖）
西洋菜……10g
綜合嫩葉生菜……100g
青花菜……6小株
法式油醋醬（參照p.184）……40㎖
黑胡椒……少量
鹽……適量

🍳 直徑 15㎝的鍋子

1 —— 豬肉先切成10㎝的長度。將水（分量外）倒入鍋中，用大火加熱，煮沸後倒入橄欖油。水和橄欖油比例的標準為水1ℓ：橄欖油30㎖。

2 —— 放入豬肉迅速汆燙，同時攤開肉片。再放入網篩中瀝乾水分。

3 —— 將2放入缽盆之中，趁熱加入20㎖的法式油醋醬拌勻。接著放入黑胡椒混合，試試味道後撒鹽混拌。

4 —— 西洋菜與綜合嫩葉生菜洗淨，接著泡水直到清脆後瀝乾水分。將大片的菜葉撕成容易入口的大小後，放入另一個缽盆中。從缽盆邊緣倒入20㎖的法式油醋醬。

5 —— 用雙手從下往上拿起菜葉以充分拌勻。試試味道後撒上鹽混拌。

6 —— 青花菜撥成相同的大小後再分成小株，用加鹽熱水汆燙一下。與3、5一起盛盤。

Bonne idée

葉菜類蔬菜沙拉，除了可以用油醋醬調拌之外，我也建議可以將它與適量的香草泥（參照p.234）搭配享用。當成一道香氣濃郁且爽口的前菜。

▶ 使用 [法式油醋醬] 製作的

炸雞

　　說到炸雞會以為是種輕鬆隨興的料理，但是將炸好的雞肉用法式油醋醬調拌的話，就會搖身一變成為能享受到酸味和風味的法式料理。在我的食譜中，麵粉全都使用高筋麵粉，這道炸雞當然也不例外，且高筋麵粉還能炸出比較酥脆的麵衣。預先調味的鹽一定要確實塗抹好，這是肉類料理的基礎！雞肉冷卻後油醋醬就會難以滲透進去，所以雞肉務必要趁熱沾裹，使其充分吸收醬汁。在此使用的是加入紅蔥頭的油醋醬，但是因為搭配加入芥末的油醋醬也很搭，所以可依個人喜好選用醬汁。

【材料】（2 人份）

雞槌……10 支（600g）
鹽……4g
雪莉酒（或紹興酒）……50㎖
高筋麵粉……2 大匙
油炸用油……適量
紅蔥頭法式油醋醬
　（參照右記）……2 大匙

1 —— 將雞肉放入缽盆中，撒上鹽搓揉入味。倒入雪莉酒後繼續搓揉。靜置 1 小時以上，好讓雞肉被包裹於水分之中，以增加多汁感。

2 —— 將麵粉加入 1 中，邊搓揉邊注意不要弄破雞皮。揉出麩質以確實裹上麵粉，鎖住預先調味的風味。

3 —— 將油炸用油加熱至 170℃（標準是放入麵包粉時會立刻散開），握住雞肉的末端，從有肉的那端先浸入油中，待握著的雞肉炸出硬麵衣後，再讓雞肉浮動般輕輕放入鍋中。若使用大量的油去炸就不用翻面；如果油用油較少，過程中就需要邊炸邊翻面。冒泡變小之後再炸 6 ～ 7 分鐘，直到變成令人食指大動的金黃色澤為止，撈起瀝乾油分（不放心的話可以用竹籤刺入肉較厚的部分，若可以輕鬆刺穿就是熟了）。

4 —— 將剛炸好的雞肉放入缽盆中，趁熱時以畫圓的方式淋上紅蔥頭法式油醋醬。

紅蔥頭 法式油醋醬

【材料】（方便製作的分量）

紅蔥頭（磨成泥）……20g
紅酒醋……40㎖
鹽……4g
橄欖油……120㎖

1 —— 紅蔥頭與紅酒醋加入缽盆中，用打蛋器攪拌均勻。

2 —— 加入鹽，用打蛋器充分攪拌直到溶解。

3 —— 分次少量地滴入橄欖油，手要不停地充分攪拌均勻。待手感變重、醬汁變得濃稠即完成。

雪莉酒

雪莉酒是原產於西班牙赫雷斯的強化白葡萄酒，餘味清爽為其魅力所在。最適合用來製作甜味較低的料理。在炸雞中使用了不甜的「Fino 雪莉酒」，使炸雞帶有濃醇的味道。如果想用其他的酒取代的話，因為白葡萄酒酸味太強，請在日本酒中加入少許米醋後使用。

蛋黃醬
sauce mayonnaise

製作乳化醬汁，必須朝一定的方向不停攪拌。這是因為將打蛋器朝著同一個方向攪動，會比較容易乳化且不容易油水分離。雖然也可以使用白酒醋，但是我個人喜歡濃醇的紅酒醋。橄欖油要分次少量地加入，但是醋則可以一口氣全部加入也沒關係。

【材料】(方便製作的分量)

蛋黃……2顆
鹽……2g
白胡椒……少量
橄欖油……100㎖
紅酒醋……8g
＊在冷藏室可保存2～3天。

1 —— 將蛋黃加入缽盆中，用打蛋器打散成蛋液。加入鹽與白胡椒，充分攪拌均勻。

2 —— 分次少量地慢慢滴下橄欖油至缽盆中，攪拌均勻（照片a）。雖然會慢慢變白、變硬，但是手要不停地充分攪拌均勻（照片b）。

3 —— 加入醋，充分攪拌均勻（照片c）。

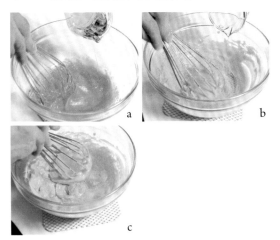

蒜泥蛋黃醬
sauce rouille

普羅旺斯代表性的海鮮料理「馬賽魚湯」，作為隨附在旁的蒜泥蛋黃醬，是一種充分發揮大蒜風味、味道強勁的醬汁，也可以作為辛香料使用。除了馬賽魚湯外，與其他的海鮮料理也很相配，也可以隨附在水煮青菜旁，或是單純塗在長棍麵包上都很美味。

【材料】(方便製作的分量)

番紅花……30朵
A｜蛋黃……2顆
｜大蒜（磨成泥）
｜……2瓣（10g）
B｜鹽……3g
｜卡宴辣椒粉
｜……少量（0.1g）
橄欖油……100㎖
滾水……1/2小匙
＊在冷藏室可保存2～3天。

1 —— 番紅花以微波爐（600W）加熱1分半鐘左右使其乾燥，接著用湯匙背面壓碎（照片a）。

2 —— 將A與1加入缽盆中，用打蛋器摩擦攪拌。加入B（照片b），繼續攪拌。

3 —— 分次少量地慢慢滴下橄欖油至缽盆中，手不停地充分攪拌均勻。

4 —— 加入滾水充分攪拌均勻（照片c）。這種為「浸湯法」，具有避免油水分離的效果。

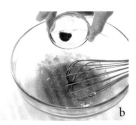

▶ 使用 [蛋黃醬] 製作的

水煮蛋佐蛋黃醬

　　法文菜名中的Oeuf是蛋的意思。這是餐酒館的經典前菜，可以說是法國的家鄉味。雖然水煮蛋佐上自製蛋黃醬的搭配如此樸素，但是如果沒有美味的蛋黃醬，就無法端出這道料理。可說是因醬汁而發想出的料理。水煮蛋在煮沸後煮3分半鐘，就是黏稠柔軟的半熟蛋；煮4分鐘則是蛋黃周圍會凝固的半熟蛋，可依照喜好決定熟度。

【材料】（2人份）

雞蛋……4顆
蛋黃醬（參照p.190）……20g

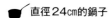 直徑24㎝的鍋子

　　1 —— 在鍋中放入雞蛋、倒入蓋過雞蛋的水，用大火加熱。煮沸後將火轉小，煮10分鐘。將雞蛋取出輕敲出裂痕，再連膜剝除蛋殼。
　　2 —— 將1縱切對半，盛盤並附上蛋黃醬。

▶ 使用 [蛋黃醬] 製作的

香蕉蘋果綜合沙拉

將蛋黃醬和優格混合，再與水果混拌均勻，此時會因滲透壓的作用而釋出果汁。美味的祕訣正是因大量的果汁讓沙拉更美味多汁。我有時會在早餐時享用這道沙拉，最後吃光滿滿一盆的沙拉。

【材料】（2 人份）

A ｜蛋黃醬（參照p.190）……50g
　｜優格（無糖）……50g
香蕉……1根（160g）
蘋果……1/2顆（160g）
洋梨……1/2顆（150g）
B ｜黑胡椒……少量
　｜義大利荷蘭芹（碎末）……少量
　｜粉紅胡椒……適量

1 —— 將A倒入缽盆中，攪拌均勻。

2 —— 香蕉縱切對半再切成寬度5～10mm的薄片。蘋果和洋梨也切成與香蕉差不多的大小。

3 —— 將2加入1中混拌均勻。接著加入B，迅速混拌一下即可盛盤。

▶ 使用 [蒜泥蛋黃醬] 製作的

櫛瓜甜椒沙拉

　　來自同一塊土地的食材絕對很相配——這是我對料理的基本理念。櫛瓜和甜椒都是法國南部的蔬菜，而蒜泥蛋黃醬是法國東南部馬賽的醬汁，所以兩者一定很搭。這道沙拉是由充滿能量的蒜泥蛋黃醬與新鮮的南方蔬菜組合而成，希望大家會喜歡。

【材料】（2 人份）

紅、橘、黃色的迷你甜椒
　　……各1個（1個20g）
綠色迷你櫛瓜……1/2根（15g）
黃色迷你櫛瓜……1/2根（15g）
鹽……1g
蒜泥蛋黃醬（參照p.190）
　　……5～10g

　1 —— 甜椒用蔬果刀挖除蒂頭，去除籽和白色皮膜，再切成圓輪狀。櫛瓜也切成圓片。

　2 —— 將甜椒放入缽盆中，撒上0.5g的鹽，混拌均勻但不要破壞其形狀。表面會變得濕潤起來，繼續攪拌。櫛瓜也依照相同的方式撒鹽處理（照片 **a**）。

　3 —— 在盤中將蒜泥蛋黃醬點狀滴上，接著盛上2即完成。

a

荷蘭醬
sauce hollandaise

荷蘭醬是一種打發起泡的醬汁。以製作蛋白霜的感覺，充分拌入空氣。如果不先這樣做的話，在隔水加熱時就會只有表面會凝固變硬，而無法做出美味的醬汁了。因為是用缽盆隔水加熱，因此最好使用導熱性佳的不鏽鋼缽盆。原本的作法是使用澄清奶油製作，但我改用融化的奶油來保留鮮味。

【材料】（方便製作的分量）

蛋黃……2顆
水……8mℓ
鹽……極少量（少於0.5g）
融化奶油……50g
檸檬汁……少量
＊因為奶油會凝固，所以無法保存。

1 —— 將蛋黃與水加入不鏽鋼缽盆中，用打蛋器攪拌。以畫8字般移動打蛋器，使蛋液飽含空氣（照片a）。加鹽後拌勻。
2 —— 將1隔水加熱，用小火加熱並不停地攪拌。打發時要刮下沾黏在側面漸漸凝固的部分，攪打至蛋液變得濃稠、刮缽盆底部時會留下痕跡的程度為止（照片b）。
3 —— 分次少量地倒入融化奶油，拌入空氣般地攪拌。當變得濃稠時（照片c）就從爐火移開。但如果醬汁會留下緞帶狀的痕跡就是太濃稠了。加入檸檬汁攪拌，再以錐形過濾器（或網篩）過篩。

▶ 使用 [荷蘭醬] 製作的
水煮白蘆筍 佐荷蘭醬

這道料理鹽的用量取決於煮蘆筍的煮汁和醬汁。因此，將煮蘆筍的煮汁比例定為稍鹹一點的程度。烹煮時為了加強風味而加入蘆筍皮，但是要在撈除浮沫、變清澈後才能放入蘆筍。將蘆筍放在煮蘆筍的煮汁中冷卻，是為了讓蘆筍吸飽其中的蘆筍風味，也利用餘熱使蘆筍變得柔嫩多汁。請淋上大量的荷蘭醬來享用。

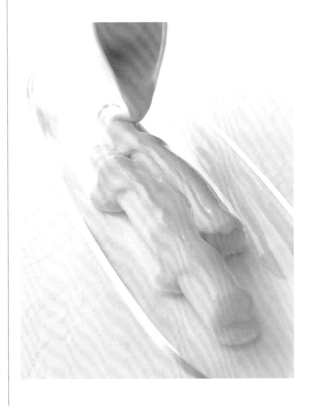

【材料】（2人份）

白蘆筍……4根（1根90g）
水……1.2～1.3ℓ
鹽……20g
荷蘭醬（參照左記）……適量

🍳 直徑26cm的鍋子或平底鍋

1 —— 蘆筍用削皮器削皮，保留蘆筍皮備用。
2 —— 將水、鹽與蘆筍皮加入鍋中，用大火加熱。煮沸後撈除浮沫，再加入蘆筍，並用蘆筍皮當蓋子。煮1分半鐘時下翻面，再次蓋上蘆筍皮，繼續煮1分半鐘後關火。若是較細的蘆筍，共計煮1分鐘左右即可。蘆筍浸泡在煮汁中冷卻，直到恢復至不燙手的溫度為止。
3 —— 蘆筍瀝乾水分後，將較硬的根部切除2cm左右。盛盤並淋上荷蘭醬。

▶ 使用 [荷蘭醬] 製作的

奶焗豆腐

　　這是一道日法合璧的原創食譜。荷蘭醬適合搭配風味溫和的食材，所以與豆腐是合適的最佳搭檔。加入烘烤過的生火腿以增添鹹味和口感。由於荷蘭醬含有雞蛋，所以具有加熱就會凝固的特性。當烘烤完成時，表面會形成一層金黃色。

【材料】（1盤份）

＊長14cm × 深4.5cm的焗烤盤

嫩豆腐……1塊（400g）
生火腿……1片（20g）
A ┃鮮奶油（乳脂肪含量38％）……100㎖
　┃鹽……1.5g
黑胡椒……適量
荷蘭醬（參照p.194）……50g

🍳 直徑15cm的鍋子

　1 —— 將嫩豆腐切成6等分，以微波爐（600W）加熱3分鐘後瀝乾水分。生火腿以80℃的烤箱烘烤30分鐘左右，使其乾燥。
　2 —— 將A加入鍋中，用大火加熱，煮沸後放入嫩豆腐，邊煮邊稍微壓碎。待豆腐內部變熱後，將2/3量的生火腿握碎加入鍋子中，撒上黑胡椒再輕輕攪拌（照片a）。
　3 —— 將2倒入焗烤盤中，以畫圓的方式淋上荷蘭醬（照片b），撒上剩餘的生火腿。以高溫（200℃左右）的烤箱烘烤至表面呈現金黃焦色。

貝亞恩斯醬
sauce béarnaise

雖然現在不太常見了，但是貝亞恩斯醬是一種搭配肉類料理的傳統醬汁。作法是在醋中加入紅蔥頭和香草龍蒿，煮乾水分後與蛋黃混合，使奶油乳化即完成。醬汁的法文名稱意思是「貝亞恩風味的醬汁」，名稱的由來是源自出生於貝亞恩的知名美食家亨利四世。

【材料】（方便製作的分量）

A
|紅蔥頭（碎末）……25g
|龍蒿（摘取葉片）……30g
|白酒……100㎖
|白酒醋……20㎖
|黑胡椒粒（壓碎）……7粒

水……20㎖

蛋黃……5顆

融化奶油……100g

調味番茄醬……5g

鹽……1.5g

義大利荷蘭芹（碎末）……1.5g

＊因為奶油會凝固，所以無法保存。

直徑15cm的鍋子

1 —— 將 A 放入鍋中，用大火加熱，不時搖晃鍋子以煮乾水分，直到收乾水分為止（照片a）。倒入水煮沸後即可關火，放涼。

2 —— 將蛋黃與1連同葉片放入不鏽鋼缽盆中（照片b），用打蛋器充分攪拌均勻。

3 —— 將2隔水加熱，用小火加熱，以畫8字般移動打蛋器不停地攪拌，直到用打蛋器撈起時會呈濃稠狀緩緩流下來的濃度，即可停止加熱（照片c）。

4 —— 分次少量地倒入融化奶油（照片d），充分攪拌使其乳化。加入調味番茄醬攪拌，試試味道後加入鹽攪拌。以錐形過濾器（或網篩）過篩（照片e），再放入義大利荷蘭芹攪拌。

▶ 使用 [貝亞恩斯醬] 製作的

速烹牛排 佐火柴薯條

　　速烹牛排搭配大量的火柴薯條，是法國人非常喜愛的一道料理。將牛排和貝亞恩斯醬組合在一起也許令人感到意外，但實際上真的是美味無比。反而為經典組合帶來新鮮感。貝亞恩斯醬也可以搭配鹿肉等料理，是法式料理的代表性醬汁。
（速烹牛排參照p.024，配菜的火柴薯條參照p.117）

～享受香氣和色彩～

　　為大家介紹不使用牛肉高湯等動物性高湯製作，而是以蔬菜為主角的醬汁。雖以番茄或香草為主體，卻仍然帶有鮮味。在法國南部地區，搭配以香氣見長醬汁的料理類型也很廣泛，先學會後就會很方便。色彩鮮豔且帶有香氣的蔬菜醬汁正成為現代餐廳的顯學。

番茄糊紅醬
coulis de tomate

　　在法式料理中，不加入其他食材，只直接使用蔬菜或水果等食材製作而成的泥狀醬汁被稱為coulis。番茄外皮中有大量含有鮮味的果膠，所以烹調時不要去皮。而且，吃番茄的時候不會感覺有澀味吧？這就是製作此醬汁不需要撈除浮沫的理由。

【材料】（方便製作的分量）

番茄……中型8個（1kg）
鹽……2g
＊在冷藏室可保存3～4天。
　在冷凍庫可保存1個月（使用時再加熱）。

🍳 直徑21cm的鍋子

1 ── 將2個番茄切成適當的大小，放入果汁機中攪打。打成液態後，將剩餘的番茄整個放入，每放入一個就要攪打一次。

2 ── 將1用錐形過濾器（或網篩）過濾至鍋中。用湯勺等器具按壓，擠出汁液（照片a）。

3 ── 將2的鍋子用大火加熱，煮沸後轉為小火，不時攪拌一下以煮乾水分（照片b）。當果汁機攪打所產生的氣泡消掉且稍微煮乾水分後，加入鹽攪拌並繼續烹煮（照片c）。煮乾水分直到刮動鍋底時會留下痕跡的程度即完成（照片d）。

▶ 使用 [番茄糊紅醬] 製作的

番茄總匯沙拉

　　醬汁是番茄，食材也是番茄！這盤沙拉全部都是以番茄製作而成的。組合各式各樣的番茄，與加熱過的番茄糊紅醬形成新鮮的對比，可以充分品嘗到番茄的多元性。番茄不只是切開而已，還要幫它們沾裹鹽和油，此細膩的工序非常重要。花點小工夫就可以使味道產生很大的變化。

【材料】（2人份）

小番茄……7種合計150g

鹽、橄欖油……各少量

番茄糊紅醬（參照p.198）……1大匙

1 —— 番茄切成2～4等分，加入鹽與橄欖油混拌。

2 —— 將番茄糊紅醬鋪在盤中。使用慕斯圈將番茄糊紅醬整理成平整的圓形（照片a）。

3 —— 將1盛入2中。

＊這道沙拉中使用了7種小番茄，由於番茄本身會有個體的差異，所以可視情況分切成2～4等分。呈現出的顏色漸層會產生趣味性，所以我認為一盤之中有數種不同的番茄會更富樂趣。

a

▶ 使用 [番茄糊紅醬] 製作的

法式番茄烤蝦

　　番茄糊紅醬的味道純粹而直接，與我之前製作過的番茄系醬汁之複合鮮味有著不同的風味。此醬汁的優點在於它可以添加其他食材。例如，添加大蒜或檸檬等。這次，我添加的是香氣。雖然是網烤蝦子，但是將平底鍋所煎不出的焦殼搭配酸甜的醬汁，卻是非常出色的美味組合。

【材料】（2人份）

[烤蝦]

無頭蝦……8尾
鹽……適量
高筋麵粉……適量
橄欖油……適量

[醬汁]

甜羅勒……2g（4片葉子）
橄欖油……5mℓ
番茄糊紅醬（參照p.198）
　　……200g
黑胡椒……少量

🍳 直徑15cm的鍋子

1 —— 將蝦子帶殼縱切對半以挑除腸泥。放入缽盆中，撒上適量的鹽與麵粉抓拌，去除表面的黏液，小心不要弄破蝦殼。倒水（分量外）像清洗般洗掉黏液，再用流水迅速沖洗乾淨。

2 —— 放在廚房紙巾上面擦乾水分，然後在蝦身上撒1g的鹽。

3 —— 製作醬汁。為了防止甜羅勒變色，切成碎末時要加入5mℓ的橄欖油。將番茄糊紅醬與5mℓ的水（分量外）倒入鍋中，用中火加熱。煮沸後加入甜羅勒攪拌，關火。加入黑胡椒攪拌。

4 —— 在2的蝦身撒上麵粉，淋上橄欖油之後將表面抹勻。

5 —— 將烤網燒熱，架高一點並用大火加熱。將蝦子肉身朝下放在烤網上，迅速烤20～30秒左右。

6 —— 當烤到開始稍微翹起時翻面，將蝦殼也迅速烤過。當蝦身膨脹、開始釋出水分時即完成。烘烤時間的標準為略少於1分鐘。最後將3鋪在盤中，盛入蝦子。

羅勒蒜末醬
sauce pistou

Pistou是法國南部普羅旺斯地區的特色醬汁，有強大的存在感，甚至還有同樣以Pistou為名的蔬菜湯。羅勒的切面一旦接觸空氣，顏色就會不漂亮，為了防止變色，一開始就要先加入橄欖油。還有一個目的是為了使食物調理機比較容易攪拌。

【材料】（方便製作的分量）

A {
甜羅勒葉……50g
大蒜……3瓣（15g）
帕瑪森乳酪（磨碎）……30g
鹽……1g
}
橄欖油……100㎖
＊在冷藏室可保存1週。

1 —— 大蒜切對半，去芯。
2 —— 將A與半量的橄欖油放入食物調理機中攪打（照片a）。清下沾黏在側面的食材。攪打至大略變得滑順時，加入剩餘的橄欖油，繼續攪打（照片b）。

▶ 使用 [羅勒蒜末醬] 製作的
葡萄柚沙拉

　　混拌時不直接淋上醬汁，葉菜類蔬菜沙拉也是如此，這是為了保持食材漂亮的形狀。因為要沿著缽盆周圍滴入醬汁，所以選用稍微大一點的缽盆，比較易於攪拌。羅勒蒜末醬與酸味較強的標準黃色葡萄柚很相配。粉紅色的葡萄柚太甜而會混淆味道，所以不建議使用。

【材料】（2 人份）

葡萄柚……2個
羅勒蒜末醬（參照左記）……30g
黑胡椒……適量
甜羅勒……適量　　油炸用油……適量

1 —— 將甜羅勒清炸。
2 —— 將葡萄柚分成小瓣並去除薄皮，放入缽盆中。沿著邊緣倒入羅勒蒜末醬（照片a）混拌，小心不要壓壞果肉。再加入黑胡椒混拌後盛盤，以1裝飾。

► 使用 [羅勒蒜末醬] 製作的

秋刀魚與醃蘋果

　　在青背魚上撒鹽可以去除其特有的魚腥味，還能提高保存性。用手搓揉入味會讓魚肉碎散開，所以只要撒上鹽就可以了。不先剔除中間的魚骨，是為了避免滲入太多的鹽導致過鹹，所以在用醋醃漬後才去除掉。嗜吃酸味的人，請稍微延長醃漬的時間。這道菜的擺盤設計大膽，可以享受下刀時的樂趣。

【材料】（2 人份）

秋刀魚（生魚片用）……2尾

鹽……40g

穀物醋（或米醋）……適量

蘋果……1/2大顆（180g）

羅勒蒜末醬（參照p.202）……60g

1 —— 將秋刀魚分切成3片。中間魚骨先不去除。在調理盤中撒上薄薄一層鹽，將秋刀魚的皮面朝下放入。在肉身撒上大量的鹽覆蓋，靜置在冷藏室中1小時左右。

2 —— 當魚肉摸起來很緊實後（照片a），就用醋清洗去掉鹽分。將秋刀魚的皮面朝下排放在新的調理盤中，倒入足以蓋過魚肉的醋（照片b）。靜置在冷藏室中5～15分鐘。

3 —— 將2放在廚房紙巾上，將醋擦拭乾淨。此時去除中間魚骨（照片c）。從頭側的皮肉之間下刀，用手壓住魚皮，保持立起刀子般地水平移動，取下魚皮（照片d）。

4 —— 將蘋果外皮削成條紋狀，縱切對半後切成極薄的薄片。與1g的鹽（分量外）混拌。

5 —— 將3與4交替重疊盛放於盤子上，附上羅勒蒜末醬。

法式番茄醬
sauce tomate

這款醬汁濃縮了許多食材的鮮味，即使同為用番茄製作的醬汁，卻與番茄糊紅醬的味道截然不同。一開始與番茄一起加入鍋中的水，就像是引子般有助於使番茄釋放出帶有鮮味的水分來。後來加入的水，則是為了方便過濾，並且提高醬汁的實用性。醬汁一旦完成後，即使加水也不減其風味，所以不用擔心。法式料理的番茄醬有個特色是用奶油去炒。不過，似乎越往南方好像也有些地方會使用橄欖油。

【材料】（方便製作的分量）

番茄……中型5個（600g）
胡蘿蔔……1根（100g）
西洋芹……1/2根（50g）
洋蔥……1個（150g）
大蒜……2瓣（15g）
培根片……50g
奶油……20g
番茄糊……30g
水……250㎖
鹽……4g

＊在冷藏室可保存3～4天。
　在冷凍室可保存1個月（使用時再加熱）。

直徑21㎝的深鍋

1 —— 番茄切成大塊。胡蘿蔔、西洋芹與洋蔥切成1㎝的丁狀。大蒜切成薄片。培根切成1㎝的寬度。

2 —— 將奶油放入鍋中，用中火加熱融化，放入培根拌炒。炒出香味後加入番茄之外的蔬菜（照片a）一起炒。當鍋底稍微出現焦色、蔬菜釋出甜味時，加入番茄糊（照片b）用小火炒，使酸味蒸散。邊炒邊刮下沾黏在鍋底的鮮味，注意不要燒焦。

3 —— 加入番茄與100㎖的水，轉為大火。煮沸後轉為小火，直到蔬菜變軟為止。放入2g的鹽攪拌一下，煮30分鐘左右。

4 —— 當水分收乾且手感變得沉重時，就烹煮完成（照片c）。接著倒入150㎖的水，邊攪拌邊刮下沾黏在鍋底的鮮味，煮到沸騰。加入2g的鹽攪拌一下，接著用細網目的濾篩過濾（照片d）。

► 使用 [法式番茄醬] 製作的
輕燉洋蔥茄子

　　這道料理的重點，是要很有耐心地將洋蔥炒出甜味，但是不能燒焦，而且要在茄子中加入油的同時煎至內部變軟。如果沒有油，茄子就會受熱不均，所以要不厭其煩地加入油。茄子會在短時間吸收油分，而且吸收的量也很多，因此建議大家要選用優質的油品。完成品沒有汁液殘留，是我獨創的風格——「輕燉」料理。非常適合搭配義大利麵，務必要配合義大利麵完成的時間準備。

1 —— 將洋蔥與大蒜切成薄片。將 A 加入鍋子中，用中火加熱拌炒。

2 —— 茄子縱切對半，在外皮淺淺地切入 5mm 寬的格子狀切痕；在內側切入 1cm 寬的格子狀切痕，並撒上 1.5g 的鹽，當表面變濕就要擦乾。

3 —— 在平底鍋中倒入 5ml 的橄欖油，將 2 的內側朝下放鍋中，以中大火煎製。為了讓油布滿鍋面，煎製時需一次次補加約 15ml 的橄欖油（照片 a）。至此總共使用了 80ml 的橄欖油。

4 —— 待 1 炒到收乾後，倒入約 40ml 的水（分量外），炒至出現甜味並注意不要燒焦。

5 —— 當 3 呈現令人食指大動的金黃焦色，用油炸夾等器具夾住時，若感覺柔軟即可翻面，利用平底鍋的圓曲線煎製全部茄子的外皮（照片 b）。

6 —— 將白酒倒入 4 中，轉大火候使酸味蒸散。撒上 1g 的鹽混拌。

7 —— 在 5 的平底鍋中加入 6 與法式番茄醬（照片 c）。拌炒均勻後，加入 50ml 的水（分量外）、1g 的鹽與黑胡椒，稍微燉煮一下。再加入帕瑪森乳酪攪拌。

【材料】（2 人份）

圓茄……5 個（450g）

A
　洋蔥……2 小個（200g）
　大蒜……2 瓣（10g）
　橄欖油……15ml
　水……50ml

鹽……3.5g

橄欖油……80ml

白酒……25ml

法式番茄醬（參照 p.206）……100g

黑胡椒……適量

帕瑪森乳酪（粉狀）……8g

🍳 直徑 21cm 的鍋子
🍳 直徑 26cm 的平底鍋

▶ 使用[法式番茄醬]製作的

香草羊肩排

可以說是萬用醬汁的法式番茄醬，也很適合搭配像小羔羊這種具有獨特風味、個性強烈的肉類。在法國，雖然從北到南的每個地方都有當地的特有品種，但是最適合搭配法式番茄醬的還是南方的小羔羊肉。這就是為何「同一塊土地的食材會很契合」的法則。

【材料】（2人份）

小羊肩肉（帶骨）……4根（350g）
鹽……3.5g
橄欖油……25mℓ
A {
迷迭香……5g
百里香……5g
鼠尾草……5g
龍蒿……5g
月桂葉……3g
}
黑胡椒……適量
法式番茄醬（參照p.206）……100g
水……1大匙

🍳 直徑26cm的平底鍋、小鍋

1 —— 去除小羔羊肉外側的脂肪，撒上鹽輕輕搓揉入味，在室溫中靜置至少15分鐘。

2 —— 在平底鍋中加入橄欖油與A，用小火加熱，讓香氣轉移到油中。用油炸夾夾起香草，若感覺變得蓬鬆又輕盈即可取出。

3 —— 用2充滿香草風味的油煎製1。先煎側面，待稍微變色後將小羔羊肉立起，煎原本有脂肪的那面。

4 —— 側面煎上色後，將小羔羊肉放倒，讓尚未煎製的那面朝下，邊煎邊將釋出的油脂澆回肉上。

5 —— 待表面鬆軟地膨起，煎製面呈現令人食指大動的金黃焦色時，再次翻面，依照相同的方式重複淋油煎製。

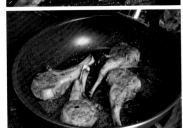

6 —— 當表面稍微出現血水即為五分熟。在此狀態可以撒上黑胡椒，轉為大火，讓黑胡椒散發出香氣。

7 —— 在小鍋中倒入法式番茄醬與水加熱。接著鋪在盤子中，盛上6和2。

～ 誕生自鄉土料理～

　　這是用充滿鮮味的食材製成的醬汁，像是橄欖、鯷魚和酸黃瓜等醃製物或巴沙米可醋之類的釀造醋等。雖然我稱之為「自製調味料（condiment）」，但是像橄欖醬和法式酸辣醬等，原本是誕生自鄉土料理的醬汁。鮮味醬汁的應用範圍非常廣泛，也能輕鬆納入法式料理以外的菜單中，確實是萬能的醬汁。

橄欖醬
sauce tapenade

橄欖醬發祥於法國的普羅旺斯地區。這是一種以黑橄欖為主要原料的糊狀醬汁，帶有濃厚的香醇味道和酸味。因為黑橄欖的味道會直接釋出，所以請選用品質優良的橄欖。使用食物調理機攪打許多次，是為了使容易結塊的橄欖變得滑順，並且避免其因攪打過度而變得太熱。

【材料】（方便製作的分量）

黑橄欖（罐頭，無籽）……150g
鯷魚（罐頭）……1罐（56g）
大蒜……1瓣（5g）
甜羅勒……5g
酸豆……1大匙（無鹽，10g）
橄欖油……30 ～ 60㎖
＊在冷藏室可保存1週。

1 —— 將大蒜去芯，大略切碎。
2 —— 將橄欖油之外的材料放入食物調理機中，鯷魚要連油一起加入（照片a）。食物調理機每次都只稍微攪打，攪打時要刮下沾黏在側面的食材，並頻繁地攪打多次。
3 —— 全部混合之後，邊攪打邊少量多次地淋入橄欖油（照片b）。橄欖油的量可以依喜好調整，成品不用非常細緻也無妨（照片c）。

► 使用 [橄欖醬] 製作的

蕈菇豬肉開放三明治

法文「Tartine」是指一種法式開放三明治。為了避免豬肉黏在一起，預先淋上油，因此煎製時不再倒油。由於與一般三明治不同，所以即使蕈菇的汁液或醬汁滲入長棍麵包中也OK。那樣反倒更加美味。

1 —— 將豬肉片切成5～6cm的長度，淋上5ml的橄欖油、撒上1g的鹽。菇類則切成容易入口的大小。

2 —— 在平底鍋中倒入10ml的橄欖油，將香菇與杏鮑菇排放在鍋中，撒上鹽後用大火煎（照片a）。煎至收乾並上色之後，淋上蒜油以增添香氣。將菇類分成3批左右煎製，每次使用10ml的橄欖油，所有菇類共使用2g的鹽。將菇類集中在平底鍋中，加入20g的橄欖醬，用大火加熱，輕輕拌炒（照片b）。

3 —— 在另一個平底鍋中放入豬肉片並攤開，用中火加熱，煎出令人食指大動的金黃色澤。

4 —— 將長棍麵包切成一半的厚度，塗上芥末醬並放上2與3，然後在各處放置橄欖醬25g。

【材料】（2人份）

豬肩肉薄片……150g

香菇……5朵（110g）

杏鮑菇……2朵（80g）

鴻喜菇……130g

蘑菇……8朵（120g）

橄欖油……適量

鹽……3g

蒜油（參照p.234）
……少量

橄欖醬（參照p.210）……45g

長棍麵包……1條

第戎芥末醬……40g

🍳 直徑26cm的平底鍋

▶ 使用 [橄欖醬] 製作的

煎烤鴨胸肉

鴨肉和雞肉的前置作業是一樣的。徹底去除口感不佳的筋是我個人的鐵則。與雞肉唯一的差別在於，鴨子有清晰可見的靜脈，因此也要將其去除。將處理好的肉塊依其大小，依序間隔時間下鍋煎製。利用餘熱煎熟時也想保持鴨皮的酥脆感，所以我將皮面朝上靜置。除了橄欖醬外，撒上大量的黑胡椒也很美味。

【材料】（2 人份）

鴨胸肉……1 片（320g）

鹽……2g

橄欖醬（參照 p.210）……30g

🍳 直徑 26㎝的平底鍋

1 —— 將鴨肉去筋，也取出位於肉塊正中間的筋，再分切成2塊。去除表面的皮膜與靜脈。

2 —— 配合肉塊形狀，將皮面切得略大於肉身些。在皮面切入1～2㎝寬的格子狀切痕，淺淺地切入以免損傷到肉身。在肉身撒上鹽後搓揉入味，靜置於室溫中10分鐘左右。

3 —— 在平底鍋之中放入較大塊的鴨肉，將皮面側朝下放入鍋中，用中火煎製。煎3分鐘左右後轉為小火，邊煎邊保持肉底下布滿油脂的狀態。

4 —— 呈現令人食指大動的金黃焦色時，間隔時間將較小塊的鴨肉也放入鍋中，依照相同方式煎製。小塊的鴨肉沒有帶皮。

5 —— 將釋出的油脂淋回肉塊，從上面也間接地加熱。為了使受熱均勻，在較厚的部分淋上較多的油脂。

6 —— 試著按壓肉塊，若有透明的紅色肉汁流出即完成。將皮面朝上，移入調理盤等容器中靜置，利用餘熱煮熟。

7 —— 將6縱切對半，在皮面塗抹橄欖醬。盛盤並附上紅酒蜜洋李。

配菜
紅酒蜜洋李

【材料】（方便製作的分量）

蜜洋李（帶籽）……220g

紅酒……300㎖

1 —— 將蜜洋李放入耐熱容器中。

2 —— 將紅酒倒入鍋之中，用大火加熱，煮沸後倒入1中（照片a）。將洋李撥散以免黏在一起，放涼後放入冷藏室中靜置1天。享用的最佳時間是從隔天開始，可以保存3年左右。蜜洋李吸收紅酒後會膨脹，因此若蜜洋李露出紅酒表面，就要補加煮沸過的紅酒。

a

巴沙米可醋醬
sauce balsamico

材料只有巴沙米可醋。這是一款極為簡單的醬汁。藉由煮乾水分濃縮巴沙米可醋的風味，並孕育出濃醇的甜味。在我店裡這也是常備的醬汁，將它裝入醬料擠壓瓶中，當成沙拉淋醬來使用。濃稠度取決於煮乾水分的程度，但是最好烹煮成半量左右，以免太稠而變硬。

【材料】（方便製作的分量）

巴沙米可醋……500㎖

＊常溫可保存1個月。

🍳 直徑18㎝的鍋子

1 —— 將巴沙米可醋倒入鍋中，用大火加熱。煮沸後轉為小火，保持冒小泡泡的火候以煮乾水分。出現浮沫時要撈除（照片a）。

2 —— 當整體都開始冒泡時很容易燒焦，請多加留意（照片b）。因為會與一開始出現的泡泡有所不同，可以目測比較一下。

3 —— 煮乾水分直到剩下半量左右，標準為煮出光澤並且變得黏稠（照片c）。因為放涼之後會變硬，所以必須在比預期濃度稍微稀一點就停止加熱。此時的實際分量為225㎖。

► 使用[巴沙米可醋醬]製作的

香煎蔬菜

這是一道可以享受蔬菜風味的料理。將蔬菜切成大塊，慢慢地煎製出鮮味和甜味。依照煎熟的順序，從難熟的蔬菜先放入鍋中，在加入新的蔬菜時也要一起加入3㎖左右的橄欖油。唯獨南瓜很容易崩散化開，所以要把南瓜單獨煎製，排放的間隔寬裕為上。

【材料】（2人份）

南瓜……120g

櫛瓜……2根（200g）

茄子……2根（140g）

洋蔥……1/2個（70g）

紅甜椒……1個（170g）

鹽……4g

橄欖油……適量

巴沙米可醋醬（參照左記）……20～30g

🍳 直徑26㎝的平底鍋

1 —— 將南瓜外皮部分削皮後切成1㎝的寬度。櫛瓜縱切對半。茄子縱切對半後在內側切入1㎝寬、在外皮切入5㎜寬的格子狀切痕。洋蔥切成圓輪狀。紅甜椒火烤後去皮（參照p.238），再切成3～4等分。

2 —— 均勻地在1撒上鹽。將櫛瓜和茄子釋出的水分擦拭乾淨。

3 —— 在平底鍋中加入10㎖的橄欖油、洋蔥與茄子，茄子的外皮朝上，用中小火煎製。煎上色後翻面，再加入櫛瓜與3㎖的橄欖油，兩面都要煎熟。若油不夠就補加。將蔬菜放在鋪有廚房紙巾的調理盤上，瀝乾油分（照片a）。南瓜與紅甜椒要另外煎製，依照相同的方式煎（照片b）。將蔬菜盛盤，淋上巴沙米可醋醬。

▶ 使用 [巴沙米可醋醬] 製作的

紅燒豬腿肉及根菜

　　這道堪稱是法國版糖醋肉，是向中華料理致敬的一道料理。清炸蔬菜是為了去除水分，而金黃色澤則是移入平底鍋中後才煎出。煎製時不要混拌過度，將蔬菜與豬肉一起煎出令人食指大動的金黃焦色，加熱醬汁使其散發出香氣。雖然我選用了根莖類蔬菜，但是與經典的胡蘿蔔、洋蔥和香菇也很適合，所以請依照喜好選用。水果乾的酸味和甜味既增添了獨特的風味，也增加了深度。

【材料】(2 人份)

豬腿肉……300g
蓮藕……1/2大節（120g）
地瓜……100g
山藥……100g
高筋麵粉……4g
油炸用油……適量
橄欖油……10mℓ
藍莓果乾……20g
蔓越莓果乾……20g
鹽……3.5g
黑胡椒……適量
巴沙米可醋醬（參照p.214）
　　……25g

🍳 直徑26 cm的平底鍋

2 —— 蓮藕去皮並泡水，地瓜去皮削成條紋狀後泡水，兩者要切成滾刀塊。山藥也切成滾刀塊。

3 —— 將麵粉加入1攪拌。將油炸用油加熱至150℃，放入豬肉，邊炸邊攪拌以防止黏在一起。炸到上色後倒入網篩中瀝乾油分，利用餘熱煮熟。

5 —— 在平底鍋中放入橄欖油，用大火加熱，放入4，撒上1.5g的鹽與黑胡椒煎出焦色。注意不要攪拌過度。

6 —— 煎出焦色後關火，以畫圓的方式淋上巴沙米可醋醬。混合拌勻後，用大火拌炒。

1 —— 將豬肉切成一口大小，撒上2g的鹽，輕輕搓揉入味，靜置於室溫中5分鐘左右。

4 —— 將油炸用油加熱至150℃來炸地瓜。淺淺地上色後放入蓮藕與山藥，炸到上色後移至3的網篩中。

7 —— 當巴沙米可醋醬散發出焦香味時，加入水果乾混合拌勻。

▶ 使用 [巴沙米可醋醬] 製作的

法式炸肉排

　　這是將小牛肉或小羔羊肉裹上麵包粉，用少量油煎炸而成的料理。要炸出漂亮的麵衣，麵粉至關重要！為了防止油炸時麵衣剝落，請在確實沾裹麵粉後再拍除多餘的麵粉。油量的標準為讓肉塊上方能浮出油面。若最初煎炸的那面變成令人食指大動的金黃色澤，而另一面的麵包粉固定後即完成。成品的內部為三分熟的狀態。

【材料】（1 人份）

肋眼牛排……1.2 cm的厚度1片（160g）

鹽……1.5g

高筋麵粉……適量

蛋液、麵包粉……各適量

橄欖油、油炸用油……各適量

巴沙米可醋醬（參照p.214）……15g

🍳 直徑26 cm的平底鍋

1 —— 去除牛肉多餘的脂肪並切下筋，在雙面撒上鹽，靜置於室溫中5分鐘左右。

2 —— 將1均勻地撒滿麵粉再拍除多餘的麵粉。浸入蛋液中後沾裹麵包粉。接著用力按壓塑形。

3 —— 在平底鍋中倒入高度略低於約1cm的油炸用油，加熱至160～165℃，輕輕地放入2（照片a）。也可趁此時放入奶油（分量外，10g左右）以增添風味。用油炸夾將肉抬起，邊炸邊讓肉的底下布滿油（照片b）。炸出令人食指大動的金黃焦色時翻面。將另一面也煎炸至麵包粉固定的程度之後，起鍋瀝乾油分。

4 —— 將配菜煎炒蔬菜放入盤中。將3分切後盛盤，淋上巴沙米可醋醬。

配菜

煎炒蔬菜

【材料】（1 人份）

秋葵……4根（30g）

甜豆……4根（20g）

豌豆莢……6根（20g）

四季豆……50g

橄欖油……5㎖

奶油……5g

鹽……1.5g

1 —— 煮沸鍋中大量的熱水，倒入少量橄欖油（分量外），將蔬菜迅速汆燙之後用網篩瀝乾水分。

2 —— 在平底鍋中倒入5㎖的橄欖油，放入1，用中火加熱，攪拌一下後加入奶油和鹽，炒出焦色。

法式酸辣醬
sauce ravigote

Ravigote在法文中是「恢復精神」的意思，這是混合酸黃瓜或香味蔬菜等碎末而製成的醬汁。這款帶有食材酸味以及辣味的冷製醬汁，既可以像油醋醬一樣使用，也適合搭配味道濃郁的料理。若蔬菜釋出水分，則表示「已經被切太碎了」。請觀察食物調理機內的狀態，分次慢慢攪碎至呈現小顆粒為止。

【材料】（方便製作的分量）

洋蔥……1個（100g）

A｜酸黃瓜……100g
　｜酸豆……1大匙（無鹽，10g）
　｜義大利荷蘭芹……只有葉子1g

黑胡椒……適量

橄欖油……8㎖

＊在冷藏室可保存1週。

1 —— 洋蔥切成大塊，放入食物調理機中攪拌，細細攪碎但未達釋出水分的程度（照片a）。

2 —— 將A加入1之中（照片b），邊攪打邊刮下沾黏在側面的食材，分次慢慢地攪碎。請避免打到釋出水分或打成糊狀，要保留顆粒感（照片c）。

3 —— 加入黑胡椒與橄欖油，攪拌一下。

► 使用 [法式酸辣醬] 製作的

西洋芹烏賊沙拉

　　這是一道非常簡單好做的沙拉。烏賊可以使用個人喜好的種類，但是最好是具有厚度以方便切入格子狀切痕的烏賊。西洋芹去除皮和硬筋，口感會比較好，與烏賊的口感也較為一致。如果加入其他的香草等，馬上搖身一變成為豪華料理，可以用來款待賓客。

【材料】（2 人份）

烏賊（生魚片用）……2隻（去皮和腳後180g）

西洋芹……100g

法式酸辣醬（參照p.219）……50g

橄欖油……10㎖

A 鹽……0.5g

義大利荷蘭芹（碎末）……2g

黑胡椒……少量

1 —— 烏賊切成3㎝的丁狀。西洋芹削去一層薄皮，斜切成片狀。

2 —— 將鍋中的熱水煮沸後，加入約2%的鹽（分量外），接著放入烏賊汆燙。移至網篩中徹底瀝乾水分。

3 —— 將2、西洋芹以及A加入鉢盆中，並且混拌均勻。

▶ 使用 [法式酸辣醬] 製作的

酥炸竹筴魚

　　法式酸辣醬搭配魚類料理和炸物都很適合。因為醬汁的原料是酸黃瓜和洋蔥，所以使用起來與添加蛋黃醬前的清爽塔塔醬相似。與炸蝦等料理也很搭。因為竹筴魚加熱過度會變硬，因此要用高溫迅速油炸。

【材料】（2 人份）

竹筴魚……2尾（1尾100g）

鹽……0.5g

高筋麵粉……適量

蛋液……適量

麵包粉……適量

油炸用油……適量

法式酸辣醬（參照p.219）……10g

1 —— 將竹筴魚分切成3片，撒上鹽。

2 —— 將1裹滿麵粉再拍除多餘的麵粉（照片a）。浸入蛋液中，接著沾裹麵包粉。用力按壓塑形。

3 —— 將油炸用油加熱至170℃，拿著2的尾部，緩緩地放入鍋中（照片b）。炸2分鐘左右，過程中要翻面，直到泡泡變小、炸出令人食指大動的金黃色澤為止。放在鋪有廚房紙巾的調理盤上，瀝乾油分。盛盤，附上法式酸辣醬。

～想要熟練運用的絕定性醬汁～

若只能選一個絕對必學的醬汁，那就是白醬了！包括由白酒和奶油製成的萬用醬汁，以及以貝夏媚醬為代表，使用白色奶油麵糊製成的醬汁。由貝夏媚醬再衍生出莫爾奈醬、阿勒曼德醬、洋蔥白醬等。對於燉煮料理和焗烤料理等大家熟悉的料理來說，白醬是其美味的核心。口感滑順且味道深邃，確實是法式料理的絕妙滋味。

白酒醬
sauce vin blanc

這款加了白酒的醬汁，是海鮮料理所不可或缺的經典醬汁。為了保留葡萄酒的風味並使整體有一體感，將奶油之外的所有材料全都煮至收乾，直到變得濃稠為止。白酒可以使用個人喜好的品牌，而我使用的是阿里歌蝶或羅亞爾河產之白蘇維翁釀的「普依芙美」等。

【材料】（方便製作的分量）

白酒……150㎖
紅蔥頭（碎末）……30g
奶油……50g
雞骨湯……150㎖

＊在冷藏室可保存3～4天。請儘早用完。

🍲 直徑18㎝的鍋子

1 —— 將奶油之外的材料加入鍋中（照片a），用大火煮乾水分。
2 —— 煮到變得濃稠、稍微露出紅蔥頭的時候（照片b），放入奶油（照片c），用打蛋器充分攪拌均勻（照片d）。

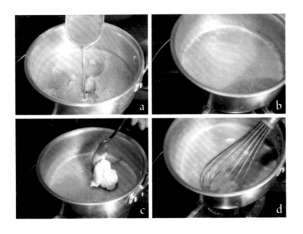

【材料】（2人份）

鱈魚……2片（1片100g）
鹽……1.5g
奶油……適量
白酒醬（參照左記）……120㎖

1 —— 在鱈魚的肉身撒鹽，輕輕搓揉入味（照片a）。
2 —— 在調理盤或耐熱盤上塗薄薄一層奶油，將鱈魚的皮面朝上排放在其中。
3 —— 放入冒著蒸氣的蒸鍋中（照片b），蓋上鍋蓋，用大火蒸4～5分鐘。
4 —— 將溫熱的白酒醬鋪在盤中，放上奶香馬鈴薯泥，再放上3，最後淋上白酒醬。

配菜
奶香馬鈴薯泥

【材料】（2人份）

馬鈴薯……2個（160g）
鮮奶油（乳脂肪含量38%）……50㎖
鹽……1g

1 —— 馬鈴薯水煮後去皮，大略搗碎。
2 —— 將1、鮮奶油與鹽加入鍋中，用中火加熱，輕輕搗碎並混合攪拌。

▶ 使用 [白酒醬] 製作的

白酒清蒸鱈魚

　　法文vapeur指的是用蒸的料理。在法式料理的歷史中，令人感到意外的是，「蒸」是較為新穎的烹調
手法，與日本一樣都是使用蒸鍋。鱈魚在法國也是相當常見的魚類，是平民料理的好夥伴，也是家庭餐桌上
經常會出現的食材。白酒醬非常適合搭配蒸或煮的食材，所以請淋上大量的白酒醬吧。

► 使用 [白酒醬] 製作的

白酒鱈場蟹

　　使用白酒醬製作的另一道料理。充滿網烤甲殼類特有的香氣，是簡單又奢華的一道料理。蟹殼可以當做容器。將蟹殼切得多預留一些深度，以免在烘烤時讓蟹肉的汁液溢出。烤的時候不用翻面。這個醬汁非常適合搭配烤蝦，還有易熟的貝類，例如烤帶殼牡蠣、香煎帆立貝等。

【材料】（2 人份）

鱈場蟹……1/2 杯（430g）
白酒醬（參照 p.222）……50㎖
長蔥……1 根

1 —— 將蟹腳從蟹身切離，再從關節的柔軟處下刀，將長度切對半。

2 —— 從蟹鉗內側的柔軟處下刀，縱切對半。

3 —— 處理較粗的蟹腳，用廚房剪刀刺入白色的部分，將殼剪成比對半略多一點的深度。小心不要剪到蟹肉。

4 —— 將蟹身依厚度對切成兩半。

5 —— 燒熱烤網，放入蟹腳、蟹爪與蟹身，都將蟹殼朝下放置。用距離較遠的大火烤，不用翻面。蟹殼就算烤焦了也無妨。

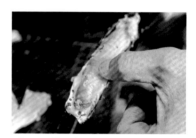

6 —— 按壓蟹肉，當肉變得鬆軟有彈性時即完成。

7 —— 用湯匙將白酒醬塗抹於蟹肉表面，並使醬汁流入蟹殼中。

8 —— 長蔥切成 7 ～ 8 cm 的長段，與螃蟹一樣網烤後，與螃蟹一起盛盤。

貝夏媚醬
sauce béchamel

說到大家都很熟悉的白醬，那就是貝夏媚醬了。材料只有3種，基本比例是麵粉1：奶油1：鮮奶10。還有另一種作法是使用澄清奶油製作。澄清奶油是將奶油以隔水加熱等方式融化後，只取上層清澈的部分使用，但是在這個過程中所去除的乳清裡含有鮮味。因此，我會直接使用奶油製作，將奶油的鮮味發揮得淋漓盡致。

【材料】（方便製作的分量）

高筋麵粉……50g
奶油……50g　　　　　　🍳 **直徑21cm的鍋子**
鮮奶……500ml

＊在冷藏室可保存3天。請盡早用完。

1 ── 製作奶油麵糊（參照p.236）。

2 ── 將鮮奶分成7～8次倒入奶油麵糊中。一開始加入50ml左右，攪拌均勻成團。關火再倒入70ml左右的鮮奶，攪拌均勻成團（照片a）。關火是為了避免因溫差而產生顆粒。再次依照相同方式倒入鮮奶加熱，於第4次倒入時轉為小火。

3 ── 當倒入約3/4量的鮮奶時，麵糊會變得滑順。若鍋面變乾就用橡皮刮刀等器具清理乾淨（照片b）。倒入剩餘的鮮奶，改用打蛋器攪拌均勻（照片c）。此時如果使用鋁製器具碰觸到鍋子，會導致色料釋出，所以攪拌時不要碰觸到鍋面。攪拌至出現光澤且黏稠即完成（照片d）。

莫爾奈醬
sauce mornay

莫爾奈醬是在貝夏媚醬中添加1/10量的乳酪所製成的。可以使用格律耶爾乳酪等個人喜歡的乳酪，但是我使用的是具有濃醇味道且鮮甜的帕瑪森乳酪。貝夏媚醬一冷卻就會凝固，因此一開始倒入水是為了使貝夏媚醬容易回軟。如果貝夏媚醬是現做的，就不需要加水。

【材料】（方便製作的分量）

貝夏媚醬（參照左記）……200g
帕瑪森乳酪（磨碎）……20g

＊在冷藏室可保存3天。請盡早用完。

🍳 **直徑18cm的鍋子**

1 ── 將20ml的水（分量外）倒入鍋中煮沸。加入貝夏媚醬（照片a），用中火加熱，使其恢復原狀。

2 ── 變得滑順之後關火（照片b），加入帕瑪森乳酪攪拌。不必攪和到像格律耶爾乳酪般黏稠，因此成品有點沙沙的口感（照片c）。

阿勒曼德醬
sauce allemande

白色奶油麵糊的醬汁以貝夏媚醬最為有名，而從中衍生出五花八門的變化。這款阿勒曼德醬也是其中之一。關於它的定義眾說紛紜，但我認為阿勒曼德醬是在莫爾奈醬中加入蛋黃製成的。不過其實也可以說，這是在貝夏媚醬中加入乳酪和蛋黃製成的醬汁。

【材料】（方便製作的分量）
莫爾奈醬（參照 p.226）⋯⋯50g
蛋黃⋯⋯1顆
＊不建議保存。每次需要時才製作。

1 —— 將莫爾奈醬放入鉢盆中，用打蛋器攪拌至滑順。
2 —— 加入蛋黃（照片 a），攪拌均勻（照片 b）。

洋蔥白醬
sauce soubise

洋蔥白醬是將確實炒出甜味的洋蔥混合貝夏媚醬製作而成。醬汁的濃度可以隨著用途做調整，但是在用錐形過濾器過濾之前一定要用水調整濃度。如果加入鮮奶，會降低好不容易炒出的洋蔥香氣。請充分利用洋蔥的美味加以佐餐。

【材料】（方便製作的分量）
洋蔥⋯⋯1個（130g）
奶油⋯⋯20g
貝夏媚醬（參照 p.226）⋯⋯200g
鮮奶油（乳脂肪含量38%）⋯⋯40g
鹽⋯⋯1g
＊在冷藏室可保存3～4天。請儘早用完。

🍳 直徑18cm的鍋子

1 —— 洋蔥切成薄片。將洋蔥、奶油與100ml左右的水（分量外）加入鍋中，用中火炒，不時攪拌一下。加水的目的是為了防止燒焦，讓洋蔥確實受熱後釋出甜味。若水分減少就補加水，炒到呈白色狀。
2 —— 洋蔥釋出甜味後加入貝夏媚醬（照片 a）。此時的洋蔥已經徹底收乾水分。攪拌一下，加入鮮奶油後烹煮片刻，使洋蔥的香氣移入醬汁中。加鹽調味。
3 —— 用錐形過濾器（或網篩）過濾。用湯匙等器具從上方按壓，擠出醬汁（照片 b）。

▶ 使用［貝夏媚醬］製作的

法式火腿
奶酪可麗餅

可麗餅皮的麵糊要調得稀薄一點，比較不會失敗，也比較美味。視狀態調整鮮奶的用量，最好先試煎看看。因為想要一氣呵成煎好餅皮，所以使用較大的火候。看到周圍出現焦色時即可翻面，另一面迅速煎過即可。如果在倒入麵糊時發出啾～的聲音，表示平底鍋已經燒熱。在內餡和醬汁中都使用了貝夏媚醬，可以享受雙倍豐富的味道。

【材料】

［可麗餅皮］

直徑18cm的可麗餅約7片份

全蛋……1顆
高筋麵粉……40g
鮮奶……130ml
鹽……0.5g
榛果奶油（參照p.236）……10g
奶油……適量

［內餡］可麗餅2片份

康堤乳酪……60g
貝夏媚醬（參照p.226）……100g
生火腿……2大片

［醬汁］可麗餅2片份

貝夏媚醬（參照p.226）……40g
鮮奶……40ml
鹽……1g

🍳 直徑24cm（底面18cm）
的平底鍋、小鍋

1 ── ［可麗餅皮］將蛋與麵粉加入鉢盆之中，用打蛋器充分攪拌直到出筋為止（照片a）。

2 ── 邊攪拌邊將鮮奶分次少量地倒入1之中。試著用手指撈起麵糊，調成會迅速流下、不殘留在手指上的濃度（照片b）。放入鹽攪拌後，加入榛果奶油攪拌，再用錐形過濾器（或網篩）過濾。

3 ── 在平底鍋中放入少量的奶油，用中大火加熱使其融化，待冒煙後倒入約1/7量的2。轉動平底鍋使麵糊布滿整個鍋面，再將多餘的麵糊倒回鉢盆中（照片c）。切除超過鍋底的部分，待周圍上色後翻面（照片d），靜待片刻即可將餅皮取出。剩餘的麵糊也依照相同方式煎製。

4 ── ［內餡］康堤乳酪切成1cm的丁狀。將康堤乳酪與貝夏媚醬加入鍋子中，用小火加熱，混合攪拌使其融為一體。

5 ── ［塑形］將可麗餅皮先煎好的那面朝下，將生火腿橫放擺上，再將1/2量的4橫放在中央（照片e）。將左右兩側往內摺起壓住，再從近身側向前捲起（照片f）。

6 ── ［醬汁・最後收尾］將鮮奶和鹽加入鍋中，用中火加熱，變熱後加入貝夏媚醬，攪拌溶解。將5盛盤，淋上醬汁。

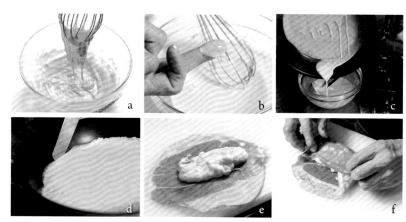

▶ 使用 [莫爾奈醬] 製作的

焗烤里芋

　　這款充滿帕瑪森乳酪濃醇風味的醬汁，與任何食材搭配都非常契合。除了薯類之外，其他的根莖類或是葉菜類蔬菜也都很適合。加入通心麵等的正統焗烤料理的醬汁中也很不錯。里芋（小芋頭）可以水煮也無妨。我喜歡刻意切成大小不一的滾刀塊，有了尺寸上的變化比較能享受到口感，而且有助於烤出深淺不一的焦色。

【材料】（2 盤份）

＊直徑15cm・容量200㎖的耐熱盤

里芋……3～4個（240g）

A｜鮮奶油（乳脂肪含量38%）……40㎖
　｜水……40㎖
　｜鹽……1g

莫爾奈醬（參照p.226）……200g

白胡椒……少量

帕瑪森乳酪（粉狀）……5g

　1 —— 將帶皮的里芋放在耐熱容器上，放入冒著蒸氣的蒸鍋內再蓋上鍋蓋，用中火蒸15分鐘左右（照片a）。蒸好後去皮，切成滾刀塊。

　2 —— 將A加入鍋中，用中火加熱。變熱後加入莫爾奈醬，攪拌溶勻。加入白胡椒與帕瑪森乳酪攪拌混合。完成品會呈現滑順的狀態（照片b）。

　3 —— 將里芋放入耐熱盤中，倒入2（照片c）。以200℃左右的烤箱烘烤至表面呈現焦色。

🍳 直徑15cm的鍋子

▶ 使用 [阿勒曼德醬] 製作的

舒芙蕾

　　請選用側面筆直的舒芙蕾模具。如果有高低落差，舒芙蕾就無法順利往上膨起，所以在這種情況下，倒入麵糊時要低於凹凸落差處。塗在模具側面的奶油和麵粉會干擾麵糊的膨脹，因此倒入麵糊後，務必要沿杯緣擦拭掉凹凸處以上的部分。一開始先用微波爐加熱是為了避免失敗，用直火加熱也是基於相同的理由。製作舒芙蕾時多花點工夫，讓麵糊先稍微膨脹，就能大大提高成功機率。

【材料】（2 個份）

＊直徑 8 cm・容量 160 mℓ 的烤杯

阿勒曼德醬（參照 p.227）……50g

A ┃ 蛋白……80g
　 ┃ 鹽……1g
　 ┃ 塔塔粉 [膨鬆劑]……2.4g

帕瑪森乳酪（粉狀）……5g

奶油、高筋麵粉……各適量

1 —— 在烤杯內側塗滿薄薄一層奶油，撒上麵粉再抖掉多餘的麵粉（照片 a）。放入冷藏室中冷卻。

2 —— 將 A 加入缽盆中，徹底打發至尖角挺立為止（照片 b）。

3 —— 在另一個缽盆中加入阿勒曼德醬與帕瑪森乳酪，撈起一勺 2 加入其中混拌（照片 c）。再加入剩餘的部分，俐落地翻拌。

4 —— 將 3 填入 1 的烤杯中。分量要低於模具上端的凹凸處，容量為 130 mℓ。將凹凸處的奶油和麵粉擦拭乾淨（照片 d）。

5 —— 以微波爐（500W）加熱 15 秒。將網架放在調理盤中，放上模具後倒入熱水，用大火直火加熱。待周圍膨脹起來時（照片 e），再以 200℃ 的烤箱隔水烘烤 10 分鐘。

▶ 使用 [洋蔥白醬] 製作的

白醬蕈菇燉雞塊

　　將貝夏媚醬和洋蔥加在一起製成的洋蔥白醬，也是一種非常適合燉煮料理的醬汁。為了防止雞肉翹起，我通常都是從肉身側開始煎，但是這道料理因為已把雞肉的筋切斷也切得比較小塊，所以從皮面側開始煎也沒問題。雖說如此，但基本作法是相同的。請依個人喜好使用菇類跟用量。讓菇類在吸收雞肉鮮味的同時，受熱的菇類本身也會釋出鮮味，因此可使醬汁變得更美味。

【材料】（2〜3人份）

雞腿肉……2支（500g）
鹽……3.5g
菇類（杏鮑菇、香菇、蘑菇、
　　鴻喜菇、舞茸等）
　　……共計350g
黑胡椒……少量
洋蔥白醬（參照p.227）……50g

🍳 直徑26㎝的平底鍋

1 —— 切斷雞肉的筋以防止煎製時收縮，再切成稍大的一口大小。撒上2g的鹽搓揉入味，接著靜置於室溫中至少15分鐘。菇類切除菇蒂後切成容易入口的大小。

2 —— 將雞肉皮面側朝下放入平底鍋中，用中火煎。雖然雞肉會釋出油脂，但是要讓雞肉在平底鍋上滑動，煎製時必須常保雞肉底下布滿油的狀態。用湯匙舀起油脂，邊煎邊澆回雞肉上。若油脂過多則可捨棄。不過，因為待會要用此油脂煎製菇類，所以不要捨棄太多。

3 —— 當雞肉表面流出透明的肉汁、皮面煎出令人食指大動的金黃色澤時，即可翻面。

4 —— 將雞肉的另一面稍微煎出焦色後，加入菇類。

5 —— 將菇類稍微拌炒，使其吸收雞肉的鮮味，撒上1.5g的鹽與黑胡椒攪拌混合。

6 —— 菇類吸收了雞肉的油脂後，加入洋蔥白醬。

7 —— 用大火加熱，煮沸之後即可關火。洋蔥白醬加熱後會變得滑順，而且菇類也會釋出水分（鮮味），所以完成的醬汁清爽不黏膩。

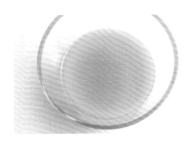

香草泥

【材料】（方便製作的分量）

蒔蘿……3g
細葉芹……4g
龍蒿……1g
義大利荷蘭芹……7g
橄欖油……30㎖

＊保存：在冷藏室中約1週

蒜油

【材料】（方便製作的分量）

大蒜……25g
橄欖油……150㎖

＊保存：在冷藏室中數天

1 ── 將香草混合並切成碎末。

1 ── 將大蒜磨成泥。但底部有纖維無法磨成泥，所以捨棄不用。

2 ── 在砧板上倒橄欖油。分成數次倒上，每次都要用刀子輕剁混合，好將香草切得更細。倒油也可以防止變色。

2 ── 將大蒜放入缽盆中，分次少量地倒入橄欖油並且用打蛋器攪拌。如果沒將橄欖油完美融入蒜泥中的話，就會有小顆粒，所以分次少量地倒入並且手不停地充分攪拌。當手感變得沉重時即完成。

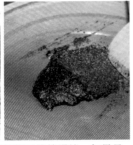

3 ── 混合橄欖油後，用細網目濾篩過濾。如果是用於家庭料理的話，不過濾也可以。不要使用果汁機攪拌，香草會因變熱而產生澀味。

半乾番茄

【材料】（方便製作的分量）
番茄……6個（600g）
鹽……3g
橄欖油……1大匙

＊保存：在冷藏室中約2～3週

1 —— 將番茄切成8等分的月牙狀，排放在調理盤中，均勻地撒上鹽。

2 —— 當番茄稍微釋出水分時，淋上橄欖油。

3 —— 預熱烤箱後以150℃烘烤5分鐘，再調降至100℃繼續烤約2小時，使其乾燥。視情況調整溫度，以免烤焦。

醃檸檬

【材料】（方便製作的分量）
檸檬（無農藥）……5顆
細砂糖……500g
鹽……100g
水……500ml

＊保存：在冷藏室中約2週

1 —— 檸檬從蒂頭端下刀，切入十字形、約2/3深度的切痕。

2 —— 將50g的細砂糖和10g的鹽放入缽盆中混合後分成5等分，填入1的切痕中。讓切痕朝上放入瓶子中。

3 —— 將剩餘的細砂糖、鹽與水加入鍋中，用大火加熱，用打蛋器攪拌至溶解為止。冷卻後倒入2之中。隔天即可使用。

油封大蒜綠橄欖

【材料】（方便製作的分量）
大蒜……整球4個（260g）
綠橄欖（罐頭，無籽）……150g
橄欖油……400ml
迷迭香……1根
百里香……6～7根

＊保存：在常溫或冷藏室中約1週

1 —— 大蒜帶皮分成一瓣瓣的，與綠橄欖一起放入鍋中。倒入橄欖油，用大火加熱。

2 —— 開始微微煮滾時就轉為小火，保持冒出小泡泡的狀態繼續慢慢加熱。因為不是在油炸，所以要注意火候以免煮焦。

3 —— 加熱30分鐘左右，直到可輕鬆用竹籤刺穿大蒜為止。取出移入瓶子中，放入迷迭香與百里香，放涼後蓋上瓶蓋。靜置一晚即可使用。

奶油麵糊

【材料】

材料、分量請參照各料理的頁面

＊保存：在冷藏室中約1週

1 —— 將奶油放入鍋中，用中火加熱，當奶油開始融化時關火，待完全融化之後一口氣放入麵粉（a）。高溫會使麵粉結塊，因此保持關火的狀態攪拌均勻。

2 —— 用小火加熱，用木鏟不停地從鍋底往上翻拌整體，翻炒麵糊以免燒焦（b）。一開始會變成像日式糰子一樣。

3 —— 繼續翻炒，會從糰子狀變為滑順、出現光澤的狀態。用木鏟刮過鍋底時會留下痕跡（c）。

4 —— 再接著翻炒麵糊會冒出小泡泡，所以要將火轉小。原本黃色的麵糊轉為泛白，攪拌時的手感變輕，就表示麵粉已經炒熟了。此時用木鏟刮過鍋底不會留下痕跡，而會立刻恢復原狀（d）。這就是所謂的奶油麵糊。從這到工序開始，再根據用途添加不同液體。

＊奶油麵糊是醬汁的基底。如果將奶油的分量增加1～2成左右，就能避免製作失敗。醬汁名稱會根據添加的液體而改變。此外，濃度（液體的比例）也可以根據用途做改變。

[醬汁]
在奶油麵糊中加入鮮奶
▶貝夏媚醬
在奶油麵糊中加入法式澄清湯
▶天鵝絨醬

[用途]
湯品▶麵粉1：奶油1：液體20～25（舀起時很快就流下的程度）
焗烤料理▶麵粉1：奶油1：液體15～20（有點慢才流下的程度）
奶油可樂餅▶麵粉1：奶油1：液體6～10（稍待片刻才慢慢流下的程度）

榛果奶油

【材料】

奶油……分量請參照各料理的頁面

1 —— 將奶油放入較小的平底鍋中，用大火加熱，將平底鍋傾斜轉動，使奶油滑動。

2 —— 奶油融化時會冒出大泡泡，但為了使其平均焦化，須持續轉動鍋身。

3 —— 奶油雖然開始稍微變色，但是泡泡仍然很大。

4 —— 轉眼間泡泡會變小，像是迅速平息般消失。此狀態就是榛果奶油。

酒之鏡

【材料】

紅酒……分量請參照各料理的頁面

1 —— 將紅酒倒入鍋中，用大火加熱，邊轉動鍋子邊煮乾水分。

2 —— 當水分收乾、紅酒變得不易滑動後，可透視鍋底且漸漸散發出光澤。煮到這種變得晶瑩剔透的狀態，法文稱為miroir，是「鏡子」的意思。

*若想增加濃醇和深度就加入白蘭地；要是追求爽口就加入紅酒醋；如果希望增加圓潤感就加入黑醋栗酒，可分別加入不同的酒品製作酒之鏡。

蔬菜的前置作業

馬鈴薯水煮之後剝除外皮

・煮馬鈴薯的原則是從冷水開始慢慢地煮。當長時間烹煮，馬鈴薯就會糊化並且產生黏性。在法式料理中稱之為「微笑般溫和地烹煮」，絕對不可以煮到咕嚕咕嚕滾滾沸騰，要將火候保持在冒出小泡泡、馬鈴薯輕輕搖晃的狀態。在我店裡煮4～5個馬鈴薯需要大約1小時左右；如果趕時間的話，也可以切開後烹煮。

・將馬鈴薯和大量的水加入鍋中，用大火加熱。沸騰後轉小火烹煮。

・試著將鐵籤刺入馬鈴薯中，若能輕鬆刺穿就表示煮好了。

・瀝乾熱水後剝皮。如果很燙，請隔著廚房紙巾或布巾拿馬鈴薯。

炒洋蔥

・炒洋蔥的目的是為了引出它的甜味。洋蔥炒熟之後會變甜，但是如果燒焦那就白費工夫了。為了確實炒熟需要加水，加水的時機從一開始就要加入。不時攪拌一下，用中小火加熱。如果沒有水分的話熟度就會不均，因此每次水分一變少，就要補加2～3大匙的水。當洋蔥的辣味消失、甜味出現時就炒好了。切成碎末也好、正方形薄片也行，不論是什麼切法炒法都一樣。

・一開始到入的水量只需剛好蓋過洋蔥即可。

・水分不足的話會燒焦。因為想做出白色的炒洋蔥，所以要加水以免燒焦。

蔬菜的前置作業

番茄的滾水去皮法

· 番茄要去皮之後再用是基本常識。因為番茄即使加熱後，皮也不會變軟，所以會殘留在口中導致口感不佳。加熱後皮會收縮變皺，比較容易剝除。

· 用刀尖細小的刀子斜斜切入番茄，挖除蒂頭，接著在另一端切入十字形的切痕。

· 在鍋中將熱水煮沸，在滾滾沸騰時放入番茄。6～7秒後取出。

· 立即放入冷水中冷卻。

· 放涼後用刀子挑起皮，將其剝除。

番茄的火烤去皮法

· 如果番茄的數量不多，使用火烤去皮法會比較不費工夫。請使用即使烤焦了也不會心疼的叉子製作。

· 使用叉子等器具插入蒂頭處，接著將番茄放在直火上整個烤過。當外皮燒裂開來時，如同滾水去皮法一樣，將番茄放入冷水中冷卻後剝除外皮。

甜椒的火烤去皮法

· 甜椒外皮很硬，所以要去皮口感才會好。此外，加熱會使果肉緊縮而變得鬆軟。不過，如果想保留爽脆口感的話，就請勿使用烘烤剝皮的方式。

· 用大火燒熱烤網（或是烤架），放上甜椒，烤至整體變得焦黑。

· 放入冷水中冷卻，去除烤至焦黑的外皮。

過篩番茄罐頭

· 好的口感是美味料理的大前提，番茄罐頭也要篩細後再烹調。我在店裡使用的是錐形過濾器，但是使用網篩也能將番茄確實篩細。

· 將網篩放置在缽盆上，用手將番茄按壓在網篩上，讓番茄過篩。

白蘆筍的去皮法

· 白蘆筍的外皮原本就很堅韌，所以要把皮削多一點。為了完整地削皮，要盡量讓橫切面成為圓形。

· 邊轉動白蘆筍，邊用削皮器從穗尖側開始削皮。

· 若削成圓形可避免有突起處，也就不會有硬筋殘留。

蘆筍的前置作業

· 採下蘆筍之後隨著時間一久，表面會變得又乾又硬。因此一定要削除堅硬處，讓蘆筍變得柔軟，咬起來毫不費力。

· 削除三角形真葉。試著翻開此處，不要削除內部有嫩芽的部分。

· 握住底部邊緣約5cm處，將蘆筍折彎，從彎曲處下刀切開。這個底部側是堅硬的部分。

· 將堅硬的底部側削皮。

使用刨絲器
刨成細絲

・如果是像沙拉這類想讓食材充分沾裹油醋醬的料理，就使用刨絲器處理。用刀子切的話切面便會是平整光滑的；但是用刨絲器的話表面就會凹凸不平。當表面積變大，油醋醬就會更容易沾裹在食材上。

・縱向刨成長長的細絲。

青花菜分成小株

・所謂「分成小株」指的是切除根部後再分成小朵，連菜梗也要預先處理，毫不浪費地使用。

・從小朵青花菜的內部下刀，分切開來。

・中心部分的大朵青花菜，從最靠近細莖下方處切掉，再將刀子從青花菜底部切開，分切成相同的大小。

・梗的部分，切除底部端的堅硬處後，切成3～5cm的長度。使用桂剝刀法，切除周圍的皮，直到沒有硬筋為止。

洋蔥的切法

・為了能夠均勻受熱，洋蔥（不限於洋蔥，對於所有食材而言都適用）要切成相同的大小很重要。會讓料理的外觀也變得很好看。此外，如果外側變乾，會有皺折或發黃，此狀態下不管是用煮的還是炒的都不會變得美味，所以務必要去除。

・從裡側到外側大約切成3等分，分別切碎。

削成條紋狀

・間隔1～2cm的距離來縱向削皮稱為「削成條紋狀」。除了能使食材更快煮熟、更易入味等之外，還有助於使顏色等更加漂亮。以小黃瓜為例，因為皮的味道太強烈，所以也有緩和強烈味道的效果。

・想要等距離削皮的話，使用削皮器比較方便。

修邊

・修邊指的是將切成方塊、圓片，或一口大小的蔬菜，薄薄地削除稜角，防止煮的時候潰散變形。

・薄薄地削除切面的稜角，使線條變得圓滑。

撒鹽搓揉
洋蔥、小黃瓜

・在食材上撒鹽之後輕輕搓揉，就稱為撒鹽搓揉。可以用來去除黏液、使口感變好等，根據不同的食材會有不同的效果。像是洋蔥和小黃瓜的撒鹽搓揉，可以去除辣味和澀味等干擾料理的雜味，讓咀嚼時的口感更好。

・撒上鹽，用手搓揉。
・開始釋出水分之後，在水中泡一下，接著徹底擠乾水分。

在砧板上搓揉秋葵

・在砧板上搓揉秋葵具有的效果：去除絨毛使表面變得平滑、使顏色變得鮮豔、去除澀味等。

・切掉蒂頭的尖端和堅硬的部分。
・將秋葵放在砧板上，整體撒上鹽。用手掌滾動秋葵，用力磨擦表面，將鹽搓揉進去。

谷 昇 Tani Noboru

生於1952年8月4日。東京都出身，血型是A型。在安德烈・帕雄（André Pachon）領軍的六本木「法蘭西島（Île-de-France）」餐廳進入法式料理的世界。24歲時遠赴法國。回日本後，曾經擔任餐廳主廚和調理師學校講師，37歲時再度前往法國。在亞爾薩斯的三星餐廳「鱷魚（Au Crocodile）」和二星餐廳「席林格（Schillinger）」等處修業。回國後，在「六棵樹（Aux Six Arbres）」等餐廳擔任主廚，隨後於1994年成爲「Le Mange-Tout」的店主兼主廚。該店於2006年重新改裝。繁體中文版的著作有《經典法式料理》（台灣東販）；日文的著作有《素描的法式料理》（柴田書店）、《Le Mange-Tout：谷昇主廚的餐酒館流基本食譜》、《餐酒館流 谷昇主廚的湯和燉煮料理》（世界文化社）等書。2012年獲頒辻靜雄食文化賞專門技術者獎。2021年起開始在社群平台上傳調理技術的影片。也受到國內外廚師的注目。（Instagram帳號：lemangetout）

日文版工作人員

◆ 攝影：原 務（p.002、011、043、075、099、153、183、240）
◆ 照片：日置武晴（p.012～041、044～049、051～063、065～069、150～152、154～157）
　　　　原 務（p.004～005、010、042、050、053、064、070～074、076～098、100～149、
　　　　158～182、184～239）
◆ 書籍設計：椎名麻美
◆ DTP支援：株式会社 明昌堂
◆ 校對：株式会社 円水社
◆ 編輯支援：河合寛子
◆ 編輯部：川崎阿久里

Le Mange-Tout TANI NOBORU CHEF NO BISTRO RYU KANZEN RECIPE by Noboru Tani
Copyright © 2023 by Noboru Tani
All rights reserved. No part of this book may be reproduced in any form without the written permission of the publisher.
Original Japanese edition published in 2023 by Sekaibunka Books Inc., Tokyo.

This Complex Chinese edition published by arrangement with Sekaibunka Holdings Inc., Tokyo in care of Tuttle-Mori Agency, Inc., Tokyo.

法式料理全書
典藏二星主廚的正統手法・醬汁配方

2024年5月1日初版第一刷發行

作　　者　谷昇
譯　　者　安珀
編　　輯　吳欣怡
發 行 人　若森稔雄
發 行 所　台灣東販股份有限公司
　　　　　＜地址＞台北市南京東路4段130號2F-1
　　　　　＜電話＞（02）2577-8878
　　　　　＜傳真＞（02）2577-8896
　　　　　＜網址＞ http://www.tohan.com.tw
郵撥帳號　1405049-4
法律顧問　蕭雄淋律師
總 經 銷　聯合發行股份有限公司
　　　　　＜電話＞（02）2917-8022

著作權所有，禁止翻印轉載。
購買本書者，如遇缺頁或裝訂錯誤，
請寄回更換（海外地區除外）。
Printed in Taiwan

國家圖書館出版品預行編目（CIP）資料

法式料理全書：典藏二星主廚的正統手法,醬汁
配方/谷昇著；安珀譯. – 初版. – 臺北市：臺
灣東販股份有限公司, 2024.05
240面；18.8×25.7公分
ISBN 978-626-379-367-5(平裝)

1.CST: 食譜 2.CST: 烹飪 3.CST: 法國

427.12　　　　　　　　　　　113004321